手 作 服 基 礎 班

手 作 服 基 礎 班

手作服基礎班：從零開始の縫紉技巧book

水野佳子

縫製出漂亮衣服的秘訣是什麼呢？首先是要避免不斷重新車縫，對布料造成損傷。再來就是累積許多製作的經驗，用手記住縫紉的感覺。本書會依序介紹在家縫紉所必需的基本方法，並且皆以照片進行解説。請確實作好每一個步驟，不要隨便車縫或拆開。了解基礎的縫紉方法後，應該就可以憑藉雙手的感覺，順利縫製出美觀的作品。如果各位都能有耐心的以自己的步調享受縫紉的樂趣，我將會十分高興。

C O N T E N T S

■代表布的正面

整燙

●工具　　　　　　　　　8

●基本的整燙方法 ………… 9

熨斗溫度
整理布紋
整理布紋、撫平縐褶的方法
縫紉過程中的整燙方法

●黏著襯的黏貼方法 ……12

●黏著襯條的黏貼方法 …13

車 縫

●工具 …………………… 16

●基本的車縫方法 ……… 17

●布‧針‧線 ………………… 19

薄布料
一般布料
厚布料
特殊材質
針織布料
車縫壓線

縫 紉 基 本 功

●別上珠針 ………… 26

基本的珠針固定方法

●疏縫 ……………… 28

疏縫的方法

●以縫紉機車縫 ……… 32

回針縫

●決定車縫的寬度 …… 34

縫紉機上的引導線

貼上膠帶

磁鐵定規

車縫導引器

紙製量尺

●燙開縫份‧
　將縫份倒向單側 …36

整燙車縫線

燙開縫份

將縫份倒向單側

燙開圓筒狀的縫份，
將縫份倒向單側

讓外觀精緻俐落的車縫法

●讓外觀精緻俐落的
　車縫法 ……………… 42

對邊貼齊

內縮

●**角度** …………………… 43

外凸角

斜角

內凹角

●**有角度的剪接線** …… 50

車縫外凸角與內凹角

●**角度與直線** ……………… 54

縫合角度與直線

●**曲線** ………………………… 56

外凸曲線

內凹曲線

●**曲線的剪接線** …… 66

車縫外凸曲線與內凹曲線

●**曲線與直線** ……… 70

圓筒底部

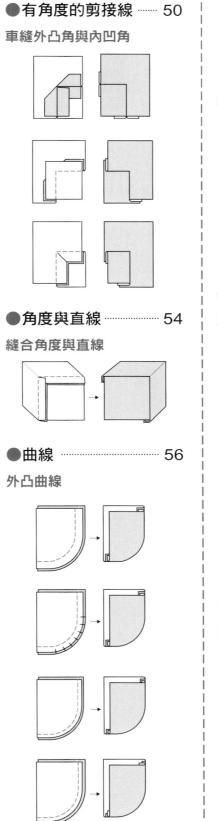

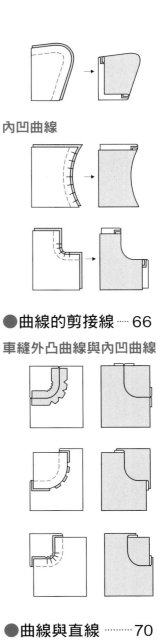

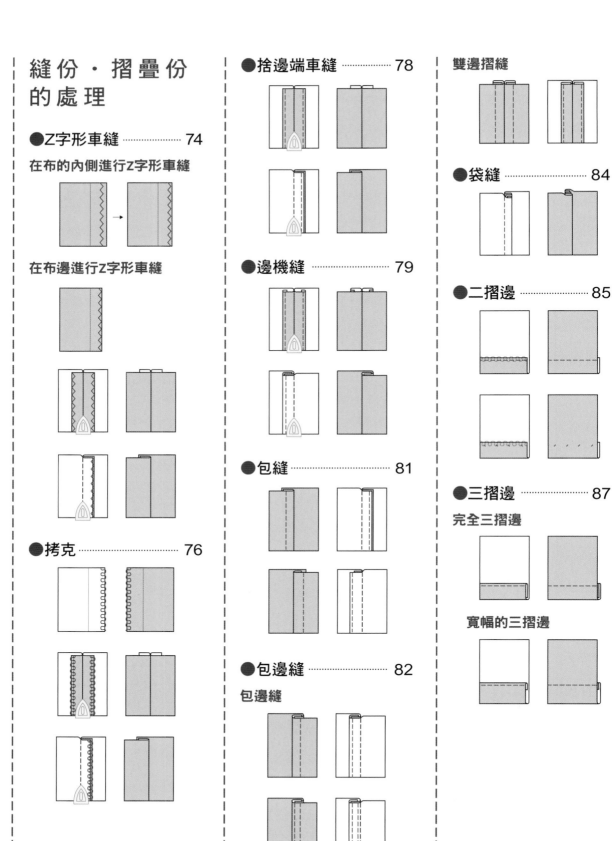

縫份・摺疊份的處理

● Z字形車縫 ············· 74

在布的內側進行Z字形車縫

在布邊進行Z字形車縫

● 拷克 ············· 76

● 捨邊端車縫 ············· 78

● 邊機縫 ············· 79

● 包縫 ············· 81

● 包邊縫 ············· 82

包邊縫

雙邊摺縫

● 袋縫 ············· 84

● 二摺邊 ············· 85

● 三摺邊 ············· 87

完全三摺邊

寬幅的三摺邊

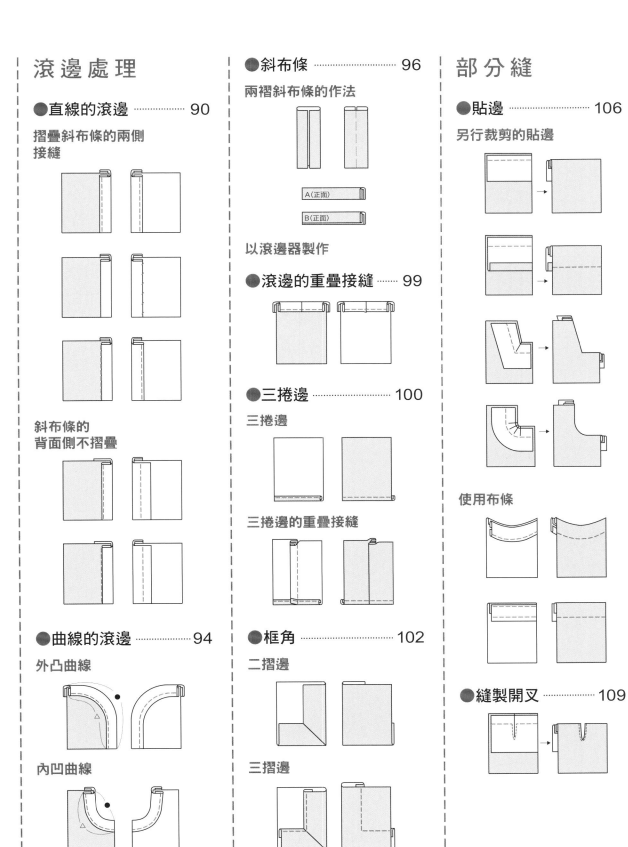

滾邊處理

●直線的滾邊 90

摺疊斜布條的兩側
接縫

斜布條的
背面側不摺疊

●曲線的滾邊 94
外凸曲線

內凹曲線

●斜布條 96
兩褶斜布條的作法

A(正面)

B(正面)

以滾邊器製作

●滾邊的重疊接縫 99

●三捲邊 100
三捲邊

三捲邊的重疊接縫

●框角 102
二摺邊

三摺邊

部分縫

●貼邊 106
另行裁剪的貼邊

使用布條

●縫製開叉 109

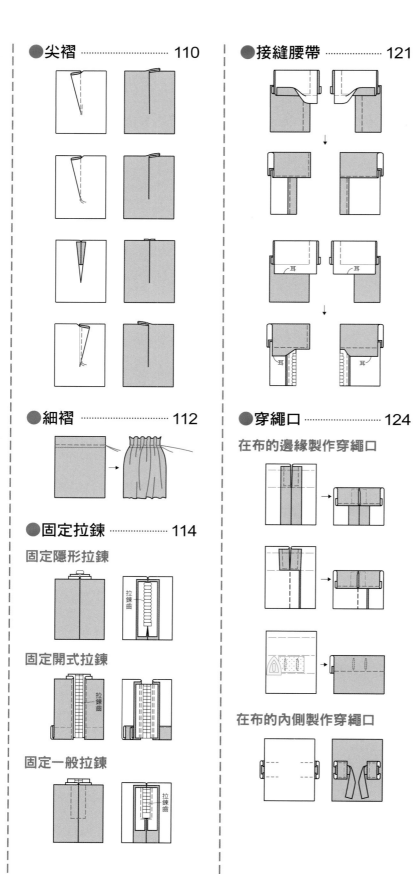

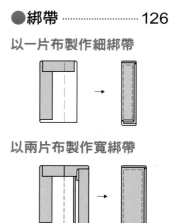

●尖褶 110

●細褶 112

●固定拉鍊 114

固定隱形拉鍊

固定開式拉鍊

固定一般拉鍊

●接縫腰帶 121

●穿繩口 124

在布的邊緣製作穿繩口

在布的內側製作穿繩口

●綁帶 126

以一片布製作細綁帶

以兩片布製作寬綁帶

拉鍊齒

拉鍊齒

拉鍊齒

耳

耳

耳

耳

整 燙

燙平布料上的縐褶、熨燙車縫線，

依目的不同，熨斗的熨燙方式也會有所差異。

並不只是單純的在布料上方滑動，

而是一邊思考著要熨燙成什麼樣的狀態，

一邊在必要的部分進行熨燙。

除了事前的熨燙試驗外，在縫紉過程中的整燙作業

也是影響成品美觀與否的關鍵之一。

現在就讓我們一起來學習比想像中更重要的整燙方法吧！

工具

基本的整燙方法

黏著襯的黏貼方法

黏著襯條的黏貼方法

工具

熨斗與熨燙台之外的方便工具。

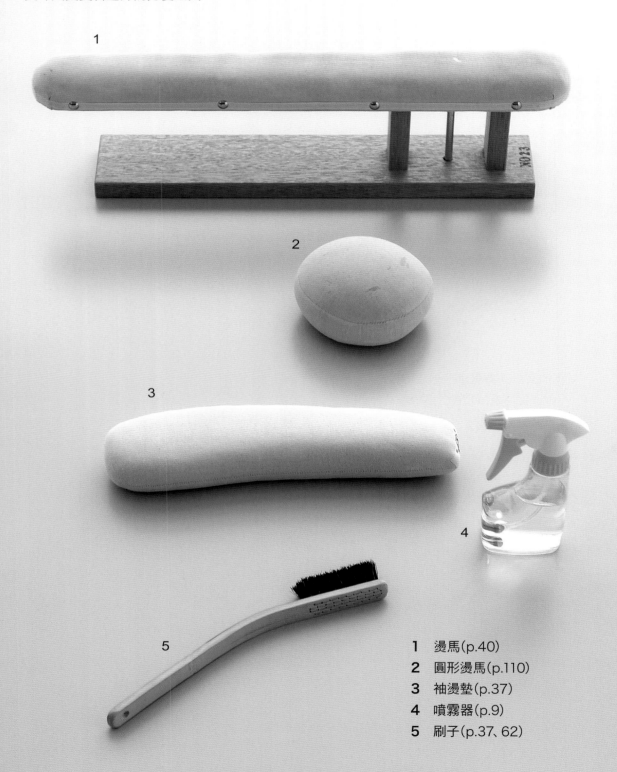

1　燙馬(p.40)
2　圓形燙馬(p.110)
3　袖燙墊(p.37)
4　噴霧器(p.9)
5　刷子(p.37、62)

基本的整燙方法

整燙方法大致可分為兩種。配合不同用途，整燙與移動方式也會改變。

熨斗溫度

Point: 務必先在實際使用的布料上試驗。

依布料不同，所適合的溫度也不一樣，所以請參考下方的「家用熨斗的溫度設定」來改變溫度，務必先在實際使用的布料上嘗試熨燙。有些布料材質在熨燙後會縮小，請特別注意。

家用熨斗的溫度設定

高	棉、麻等	180至210℃
中	毛、絲、尼龍、聚酯纖維、嫘縈等	140至180℃
低	亞克力、聚氨酯纖維等	85至120℃

以家用熨斗黏合黏著襯時的參考溫度

厚布料	150至160℃
一般（中等厚度）布料	140至150℃
薄布料、特殊（極薄布料或不耐熱）材質	130℃左右

整理布紋

有時候縱橫的織線並非呈水平垂直的狀態，在此情況下就要整理布紋。
依布料不同，有的可直接乾燙，有的則以蒸汽熨燙。
也有先將布料過水後再以熨斗整燙的方法。

Point: 熨斗與布紋呈相對的水平垂直方向移動。

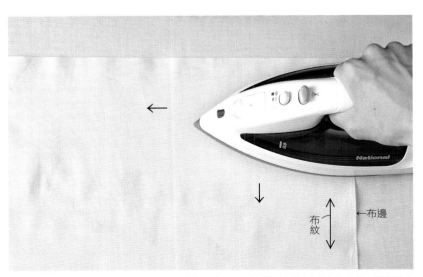

◆噴霧器

可以噴出如霧氣般細小的水珠，使大範圍均勻沾溼的工具。熨燙後會留下蒸汽痕跡的布料，在整理布紋時，就可以運用噴霧器噴溼後再進行整燙。

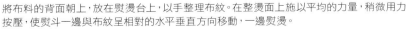
將布料的背面朝上，放在熨燙台上，以手整理布紋。在整燙面上施以平均的力量，稍微用力按壓，使熨斗一邊與布紋呈相對的水平垂直方向移動，一邊熨燙。

整理布紋、撫平縐褶的方法

在布料呈平坦狀態時的熨燙，請注意布紋，並以滑動的方式熨燙。

Point: 將熨斗壓在布料上方，移動熨斗。

縫紉過程中的整燙方法

壓整縫線、黏合黏著襯、燙開縫份、將縫份倒向單側等縫紉過程的熨燙,是將熨斗以放置在布料上方般的方式熨燙。

Point: 移動熨斗時,使熨斗離開布的表面。

黏著襯的黏貼方法

依黏著襯的種類、布料不同,有時會發生縐縮、無法黏合的情況,
因此請參閱P.9的「家用熨斗的溫度設定」,務必先在剩餘的布料上試驗。

◎基本的黏貼方法

Point:

**以乾燙方式輕輕壓燙,暫時固定,請勿移動
剛貼上黏著襯的布料。**

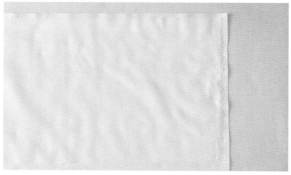

1 將黏著襯的黏著面與布料的背面疊合。

2 以乾燙方式輕輕壓燙,暫時固定。此時請勿以滑動方式移
動熨斗(參閱P.11)。

3 再次以熨斗確實壓燙整片布料。如果在尚未冷卻前移動布
料,會使布料延展、變縐,因此在溫度冷卻之前請勿移動
布料。

◎黏著襯的種類

在基底布的單面有黏著劑的襯布。因為種類眾多,請依用途來選擇。

梭織襯

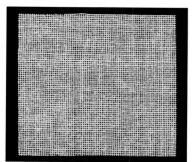

基底布為平織布,能夠與布料均勻黏合、
防止布料延展。不會阻礙活動,可避免布
料變形。

針織襯

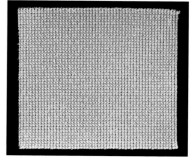

針織襯的基底布具伸縮性。質地柔軟,擁
有往橫向延展的特性。

不織布襯

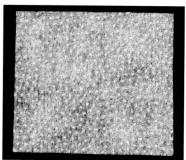

基底布為纖維纏繞而成的布料,重量輕,
不易形成縐褶。可防止布料變形,即使經
過洗滌也不會收縮。

黏著襯條的黏貼方法

◎基本的黏貼方法

Point:
請勿拉扯黏著襯條，一邊以手輔助，慢慢的黏貼。

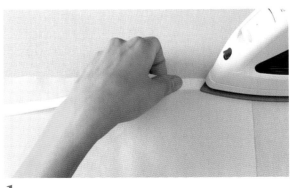
1

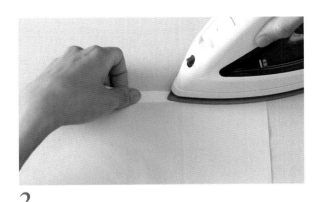
2

3

◎黏貼位置

Point: 像是覆蓋在縫線上一般的方式進行黏貼。

薄布料

若從布料的表面可看見黏著襯條時，將襯條覆蓋在完成線上，黏貼在縫份側。

要讓完成線更牢固時

稍微覆蓋在完成線上方，黏貼在內側。

◎曲線處的黏貼方法

內凹曲線

1 將黏著襯條暫時固定在黏貼位置的尺寸變長的內側。

2 以熨斗壓平往上浮起的黏著襯條，確實黏合。

外凸曲線

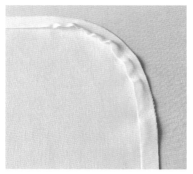

1 將黏著襯條暫時固定在黏貼位置的尺寸變長的外側。

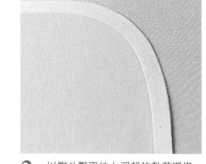

2 以熨斗壓平往上浮起的黏著襯條，確實黏合。

◎單面黏著襯條的種類

塗上接著劑的基底布裁剪成條狀的產品。

用於衣服的前端、肩膀、袖襱、領圍等處，防止布料延展。也可將黏著襯裁剪成條狀使用。

直布紋式襯條

伸縮性低，可有效防止布料延展。不易與曲線緊密黏合。也可用來防止口袋口的延展。

半斜布式黏著襯條

可適度的拉長，防止部分程度的布料延展，用於想讓完成線（邊緣）更牢固時。

斜布式黏著襯條

在以熨斗黏合後，仍然具伸縮性的黏著襯條。用於配合布料的伸縮性，但縫紉時不想造成延展的針織布料。

車縫

在實際使用的布料上車縫之前,

請先使用零碎的相同布料,車縫測試看看。

為了避免之後需拆線重新縫製,一邊車縫,配合車縫線的狀況,

並習慣車縫的感覺。與縫紉機培養出良好的默契,

這也是一開始很重要的過程。

工具

要隨時放在縫紉機旁的方便工具。

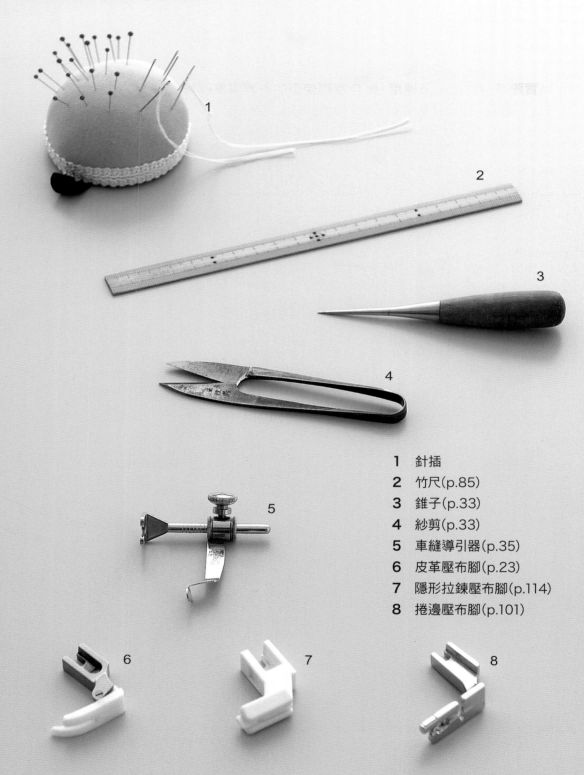

1 針插
2 竹尺(p.85)
3 錐子(p.33)
4 紗剪(p.33)
5 車縫導引器(p.35)
6 皮革壓布腳(p.23)
7 隱形拉鍊壓布腳(p.114)
8 捲邊壓布腳(p.101)

基本的車縫方法

在進行縫紉之前，務必先車縫測試，使上線與下線互相配合。

◎車縫測試

Point: 以實際車縫的狀態及速度，配合實際使用的布料與車縫線。

在進行縫製的過程中，當車縫線的粗細或布料的厚度有所更改時，請再次進行測試。

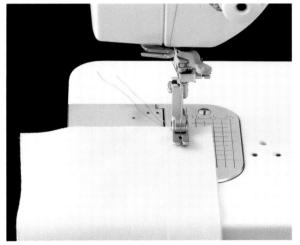

1 為了避免線互相纏繞，將上下線繞過壓布腳的下方，放在後方。

2 為了避免縫線歪斜，請以手輔助。

3 縫合兩片布時，為了避免布料滑動，兩片一起車縫壓線。

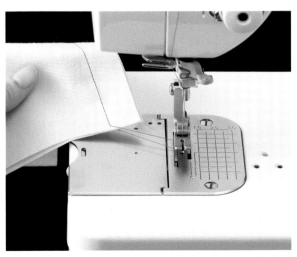

4 將布抽出時，務必確認針已呈往上抬起的狀態，再將壓布腳抬起。避免縫線綻線，小心的抽出。

◎車縫線的鬆緊

以平均的上線與下線車縫出漂亮的縫線。

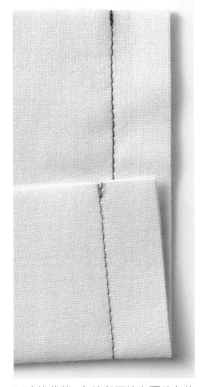
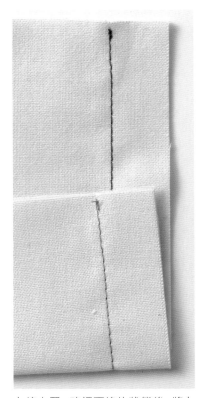

正確的狀態。上線與下線在兩片布的中央互相纏繞。

上線太緊。確認下線的狀態後，將上線調鬆。

上線太鬆。確認下線的狀態後，將上線調緊。

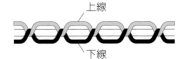

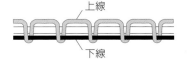

◎下線

如果沒有確實捲好下線，有時會導致縫線的張力不佳。

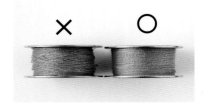

布・針・線

薄布料

線 ①fine
②Schappe Spun 90號
③Schappe Spun 60號
針 ④車針7號、⑤9號

① ② ③ ④ ⑤

【六角網紗】

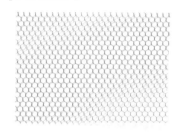

擁有六角形的網眼構造，是網狀蕾絲的一種。原名是取自巴黎近郊地區Tulle。

【歐根紗】

輕薄、透光的平織物。特色是具延展性的質地與光澤感。

【精梳棉布】

平織的高級薄棉布。擁有類似麻布的質感，原本是指在法國Laon地區所生產的一種亞麻布。

【喬琪紗】

密度比較粗大的平織物。觸感柔軟、不具延展性。特色是垂墜感與涼爽感。

【紗布】

將柔軟的線織成粗大的平織布，加以漂白後，觸感柔軟的棉質布料。

【沙典】

線浮在表面上的緞布。特色是光滑的觸感與柔軟的光澤感、垂墜感。

【裡布】

用於衣服內側的布料。以銅氨絲、醋酸纖維、聚酯纖維等化學纖維製造居多。

一般布料

【法式絲棉混紡布】	【二重紗】

藉由經紗（直向）的浮起，呈清楚斜紋的織布。擁有柔軟的質地，紋路的間距比較寬。	雙層織布的正面與背面是以不同的織法製作而成，是一種重量輕且柔軟的紗布。洗滌後質地會變得更柔軟。
【楊柳紗】	【縐綢（縮緬）】

經紗是一般的棉線，緯紗是強撚線，是一種縱向呈現凹凸的平織物。大多用於夏季的衣服。	凹凸不平的織物總稱，即為法文中的「crêpe」。具分量且光澤美。
【本色細平布】	【棉府綢】	【亞麻布（麻布）】
	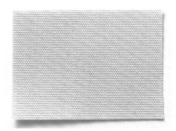	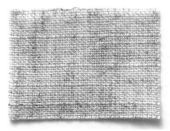
粗棉線的平織物，作為衣服的試縫、或試貼黏著襯的胚布素材。照片是素色的被單布。	在布面上呈現纖細的橫向凹凸，質地細密的棉質平織布。觸感柔軟，具光澤。	以亞麻纖維為原料的麻織物。因為擁有良好的耐久性、透氣性與涼爽感，所以適合用來製作夏季的衣服。

線　Schappe Spun60號
針　①車針9號、②11號

① ②

布·針·線

【羅緞】  緊密織製而成的橫向凹凸織布，凹凸之間的寬度為1mm左右。高密度的經紗覆蓋著粗緯紗。	**【蜂巢布】**  表面呈現鬆餅般的凹凸方格的織布，因此也稱為鬆餅布。	**【細紋布】**  在平織布上出現細凸紋的布料。有時是特別指使用嫘縈線織成的凸紋織布。
【府綢】  在經紗方向出現細凸紋的平織布。原先是使用棉線，現在則以許多纖維編織而成。	**【防水斜紋棉布(Burberry)】**  倫敦Burberry公司的商標名。是一種棉質斜紋布，經過特殊的防水加工製成。	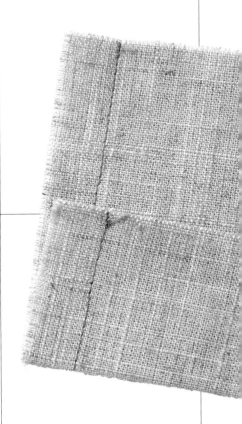
【仿鯊魚皮斜紋布】  主要是以化學纖維製作而成，光滑且緊密的斜紋或平紋織布。	**【毛巾布】**  絨毛織法。在表面織入線圈的布料，線圈被稱為絨毛。	

厚布料

線　①Schappe Spun60號
　　②Schappe Spun30號
針　③車針9號、④11號、⑤14號

①　　　②　　　③④⑤

【丹寧布】	【帆布】	【燈芯絨】
	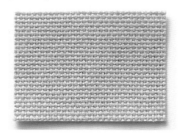	
斜紋厚棉布。縱向使用染色線、橫向使用漂白線，正面是有色線，背面則以白線居多。	厚平織棉布。在日本薄帆布又稱為畫布。以粗線緊密織製而成，相當堅固。	絨毛呈縱向凸紋的織布。雖然一般為棉質，但也有嫘縈製的燈芯絨。
	【moss布】	【人字紋毛呢布】

	觸感像苔蘚般的紡毛織布，名稱是日本自行創造的和式英語，被用來製作大衣等。	斜紋織布的一種。因為織目看起來像是鯡魚骨頭的形狀，所以在日本稱為「herringbone」。
	【法蘭絨】	【毛呢】

	使用羊毛紗線織製而成的平織布或斜紋織布，厚度偏厚、牢固，表面帶有絨毛。	使用粗羊毛線編織而成的平織布或斜紋織布，是一種擁有粗糙、樸素質感的粗織布。

特殊材質

車縫皮革時

線 ①King Leather30號
　②皮革工藝袋物用線

針 ③皮革專用車針（Schmetz）14號

● 有些也可用P.22厚布料用的針車縫。

 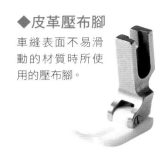

① ② ③

◆皮革壓布腳
車縫表面不易滑
動的材質時所使
用的壓布腳。

y

布・針・線

【表革】

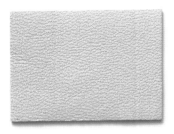

在牛或羊的表皮表面，以塗料加以處理後的皮革總稱。照片中是小羊皮。

【裡革】

皮革背面經過起毛處理的皮革。包括麂皮、鹿皮等。照片中是豬麂皮。

【絨面皮（牛巴哥皮）】

在牛的表皮表面以紙張輕輕打磨，經過起毛處理的皮革。質感類似麂皮。

【合成皮革】

以織布或不織布作為基底布，在表面塗抹合成樹脂，成品類似天然皮革。

【人工皮革】

以人工的方式製作出天然皮革的組織構造，是一種具透氣性的素材。ECSAINE是其商標名稱。

【漆皮】

在布的表面塗上塗料、亮光漆、亮漆等，呈現光澤感的素材。原本是一種在皮革上進行的加工作業。

【防水貼合皮】

表面經過塗層處理（防水加工）的室內裝飾布料。

車縫　23

針織布料

線（針織布專用）①Renao66 50號
②Resilon50號
針 ③針織布專用車針11號

① ② ③

【雙面布】	【羅紋布】	【吸排布】

雙面編織，正反面的織目相同。光滑、具厚度的質感與適度的伸縮性為特色。	鬆緊編織。英文名稱rib是肋骨的意思，往橫向的伸縮率高。	刷毛編織。照片中是正面為平針編織、背面為絨毛狀的刷毛織布。

車縫壓線

線 ①②Jeans Stitch20號
③Schappe Spun30號
針 ④車針14號
⑤丹寧布（車縫壓線用）車針16號

① ② ③ ④ ⑤

上線與下線同樣使用20號的縫線。

上線使用30號、下線使用20號的縫線。

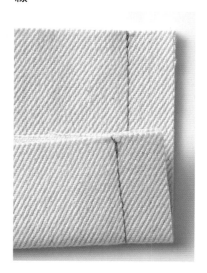

車縫時使用粗的車線，會與針孔產生摩擦，所以不易掌握線的狀況，因此上下線同樣使用粗的車線的難度也較高。在此情況建議下線使用車線（20號），上線則使用較細的線（30號），縫線會比較美觀。在下線使用車線縫合時，請將呈現縫線的面（正面）朝下進行車縫。

縫紉基本功

將布與布疊合，以縫紉機車縫、進行熨燙。

這些雖然是單純的作業，

但卻是所有作品共通的程序。

請一邊參考縫紉機、熨斗等工具的使用方法，

從縫紉過程中掌握基本的原則。

別上珠針

Point: 為了避免車縫位置偏離，要別上珠針加以固定。

｜基本的珠針固定方法

縫合時為了避免布料移動，以珠針固定。

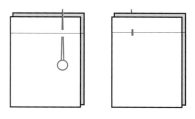

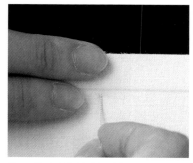

1 將兩片布料的記號對齊，在縫線上別上珠針。

2 稍微挑起布料。

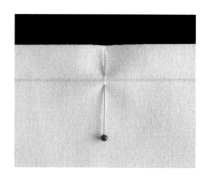

◎會留下針孔的材質

固定皮革、合成皮革等會留下針孔的材質時，珠針要別在縫線的外側（縫份側）。

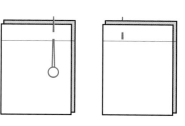

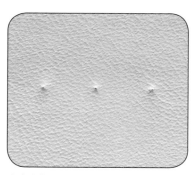

合成皮革會留下珠針別上的針孔。

將珠針別在靠近縫線的縫份側。

◎固定厚布料

如果勉強將上下的布挑起相同的分量，縫線會變得扭曲或偏離位置，將下方的布淺挑即可。

× ○　　　○ ×

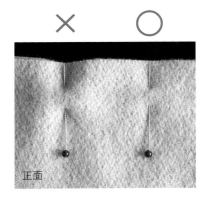
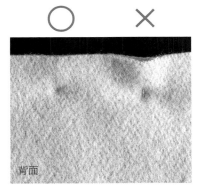

正面　　背面

◎別上珠針的順序

1 在始縫處與止縫處別上珠針。

2 在1的中間或是合印記號上別上珠針。

3 當縫合的距離較長時，在中間再別上珠針。

疏 縫

Point: 如果在縫線上疏縫,之後會不易拆除,所以請在縫份側進行疏縫。

疏縫的方法

只以珠針固定還是不放心時,以線(疏縫線)縫合固定。

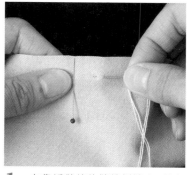

1 在靠近縫線的縫份側縫合。挑起少許布料,縫線比較不易偏離。

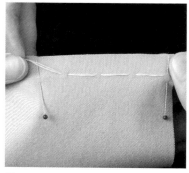

2 取出間距,一邊注意不要將縫線拉得太緊,一邊縫合。

3 完成圖。

◎雙線

用於厚布料或想牢牢固定時,以雙線縫合較為穩定。

a 將一條線穿入針孔後,打結作成線圈後開始縫合。

b 將兩條線穿入針孔後開始縫合。

◎單線

薄布料以單線疏縫固定,較不易損傷布料。

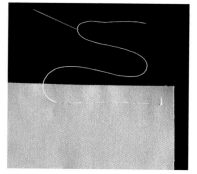

將一條線穿入針孔,縫合。

疏縫

◆疏縫線

白色的棉質疏縫線。
因為纏繞成束，所以從中剪斷一處後，
每次抽出一條線使用。

◎始縫結a

為了避免始縫處的線鬆脫，將繞在手指上的線以搓撚的方式打結。

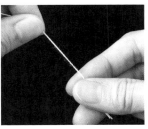

1

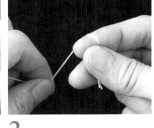

2

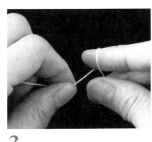

3

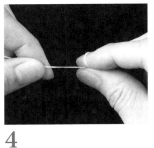

4

5

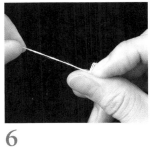

6

7

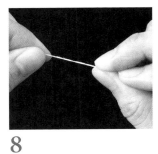

8

9

10

◎始縫結b

將線纏繞縫針二至三圈
後打結。

1

2 以線纏繞縫針。

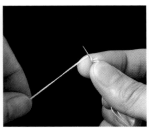

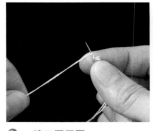

3 繞二至三圈。

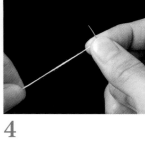

4

5

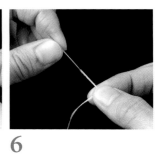

6

7

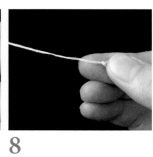

8

◎止縫結

為了避免止縫處鬆開，將線纏繞縫針二至三圈，打結固定。

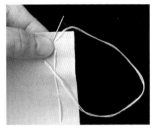

1

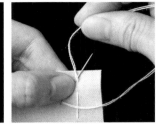

2 以線纏繞縫針。

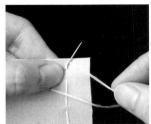

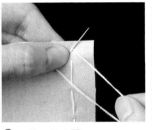

3 繞二至三圈。

4

5

6

7

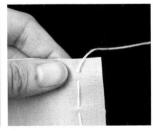

8

以縫紉機車縫

Point: 於始縫處與止縫處進行回針縫。

回針縫

為了避免縫線鬆開,重複車縫三次後固定。

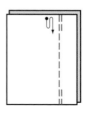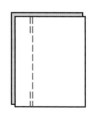

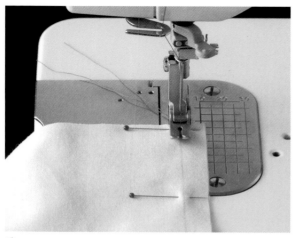

1 為了避免上線與下線互相纏繞,將線穿過壓布腳的下方,放在後側。

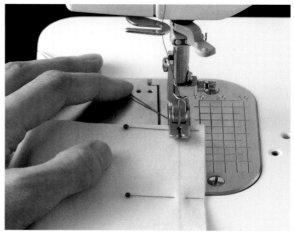

2 以手輕壓上線與下線,在始縫處落針,放下壓布腳。

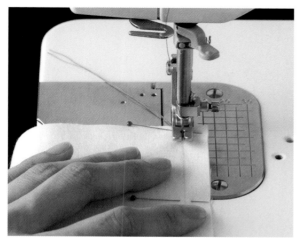

3 車縫二至三針固定。

4 在相同針目上回縫至始縫處(回針縫)。

5 為了避免縫線偏移，以雙手輔助，進行車縫。

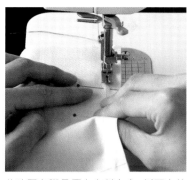

此時壓布腳是壓在布料上方，以下方的送布齒送布，因此以輕拉布料下側的方式車縫，可防止縫線歪斜。

6 在止縫處也同樣進行回針縫。在止縫處落針，固定。

7 回縫二至三針。

8 再次車縫至止縫處的位置。

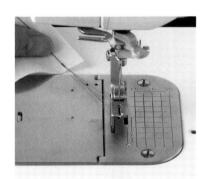

9 確認車針已抬至最高的位置，抬起壓布腳。將布料從後方抽出，將線剪斷。

以錐子壓住縫合位置，一邊送布一邊車縫，藉此可防止縫線左右偏移。

◆錐子

前端尖銳的金屬製工具。用來拆除車縫線或疏縫線、整理車縫後翻回正面的布料等，用途廣泛。

◆紗剪

輕巧的小剪刀。主要於剪線時使用。因為體積小，所以適合放在手邊備用，相當方便。

決定車縫的寬度

Point: 設定車縫寬度的引導線，將布邊對齊引導線，與其平行車縫。

縫紉機上的引導線

在縫紉機針板上刻有與針孔之間的距離，將布邊對齊想縫製的寬度後進行車縫。

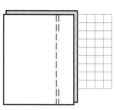
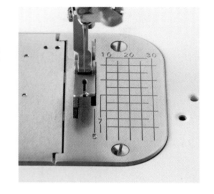

貼上膠帶

如果縫紉機的針板上沒有刻度，或想讓針板上的刻度更明顯時，可貼上膠帶，製作引導線。

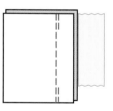

磁鐵定規

將布邊對齊定規車縫，可避免布料左右移動。

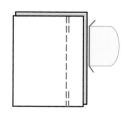

因為內有磁鐵，所以可固定在縫紉機的針板上。適合用於距離較寬、直線車縫時的情況。

車縫導引器

不僅是布邊，用於內側車縫壓線時也很方便。

可設定寬度
（至 2.5cm）

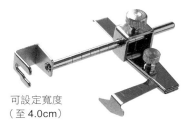

可設定寬度
（至 4.0cm）

安裝在縫紉機的針柱上使用。使導引器
在想縫製的寬度上滑動。因為體積小，
所以也可運用於車縫曲線時。

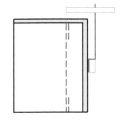

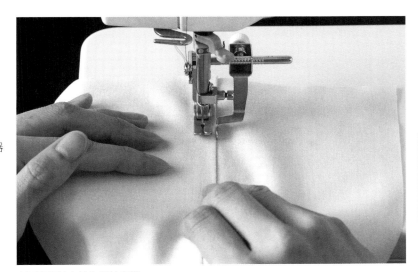

也可應用於布料內側的車縫。

決定車縫的寬度

紙製量尺

在車縫寬度較大時使用，既簡便又好用。也可防止布料偏移。

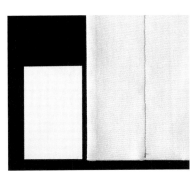

將明信片厚度的厚紙剪成跟車縫寬度相
等的長條狀，製作量尺。

1 將紙製量尺的邊緣對齊布邊，車針
落在另一側的邊緣。

2 沿著紙製量尺車縫，一邊移動量
尺，一邊車縫。

燙開縫份・將縫份倒向單側

Point: 車縫後，以熨斗整燙車縫線後再進行下一個作業。

整燙車縫線

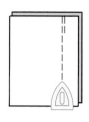

將縫份燙開、倒向單側前務必先進行熨燙，使縫線平整。這是使成品更加美觀的重要程序。

燙開縫份

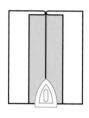

並不是以熨斗壓燙縫份，而是以壓燙縫線的方式燙開縫份。

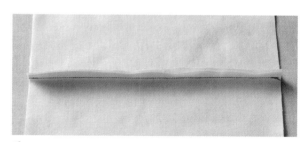

1 將布攤平，使縫線呈筆直狀態。

2 以指腹順著縫線攤開縫份。

3 以壓燙縫線般的方式熨燙。使用袖燙墊會更方便熨燙（參閱P.37）。

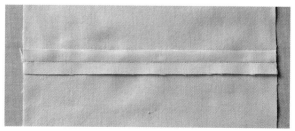

4 完成圖。

◎燙開厚布料、羊毛布等的縫份

只以熨斗的蒸氣無法燙開時，就要添加水分熨燙。

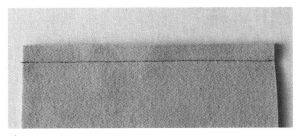

1 燙平縫線。

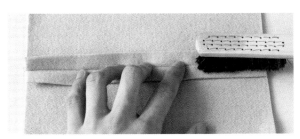

2 燙開縫份，以刷子沾水，將水滴在縫線上。如果沒有裁縫用的刷子，也可使用牙刷代替。

3 以熨斗的前端壓燙，乾燙至水分蒸發為止。

在熨斗旁以手輔助是為了不讓布料浮起。一旦熨斗與布料未貼合，噴出的蒸氣可能會造成燙傷，請特別注意。

4 完成圖（背面）。

正面。

將縫份倒向單側
燙開縫份‧

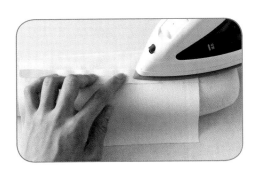

◆袖燙墊

在熨燙圓形部分或袖子時所使用的燙馬。
如果在燙開縫份時使用，不會燙到其他部分，
可防止布料正面出現縫份的痕跡。
也可當作疏縫時的工作台。

將縫份倒向單側

沿縫線摺疊壓燙一次後,將縫份倒向單側。

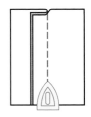
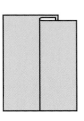

1 將兩片縫份一起沿縫線摺疊。尤其在使用薄布料時,經過熨燙後縫線會更美觀。以熨斗輕壓般熨燙,需注意避免拉長縫線。

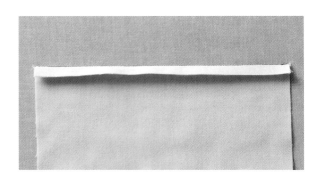

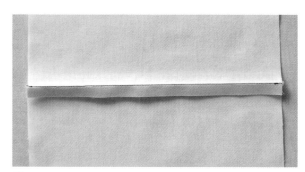

2 保持縫份倒向單側的狀態,將布料攤開。

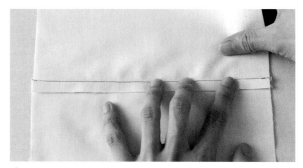

3 以手指按壓縫線,將布料攤平。

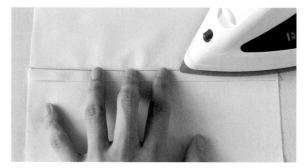

4 使用熨斗的邊端,以輕壓縫線的方式熨燙。使用袖燙墊會更方便(參閱P.37)。

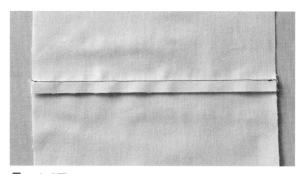

5 完成圖。

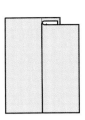

◎伸縮份的熨燙處理

在靠近完成線的縫份側上車縫,沿完成線倒向單側。

1 在距離完成線0.3至0.5cm的縫份側上車縫。

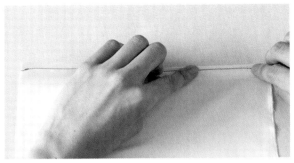

2 沿完成線上一起摺疊兩片縫份。

3 以熨斗壓燙出褶線。

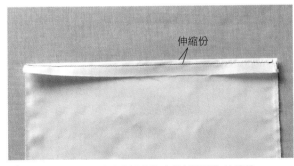

伸縮份

4 從車縫線至完成線的褶線為止的部分稱為伸縮份。

5 保留伸縮份,將縫份倒向單側,攤開布料。

【伸縮份】

接縫裡布時,
為了增加衣服的活動量,
在裡布預留一些鬆份。
此稱為「伸縮份」。

燙開圓筒狀的縫份，將縫份倒向單側

避免壓壞圓筒狀部分，進行熨燙。

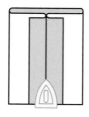 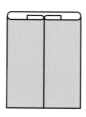 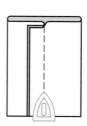 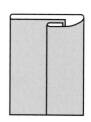

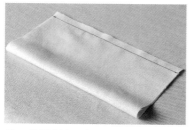

1 整燙車縫線（參閱P.36）。

2 移動縫線位置，燙開縫份，或是將縫份倒向單側。

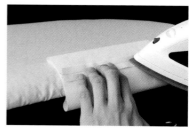

3 若放在熨燙台的邊緣熨燙，即可避開其他部分，維持圓筒的形狀。

◎袖燙墊 & 燙馬

筒狀的尺寸較大的時候使用（袖燙墊或燙馬可穿入的尺寸）。

將圓筒狀部分穿入袖燙墊，燙開縫份。將縫份倒向單側時的作法也相同。

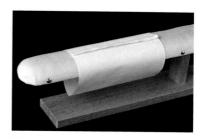

燙馬與袖燙墊的使用方法相同。

◆熨燙台

熨燙台是燙衣服時所使用的燙台。
附有腳架的家用熨燙台既輕巧又方便使用。

◆燙馬

燙馬是在木製的腳座台上貼上黏著襯與布料的燙台。
主要用於夾克的縫製過程。

讓外觀精緻俐落的車縫法

如果想讓成品外觀更加漂亮,那麼就要從內側開始……。

只要仔細的整理內側縫份,外側自然也會變得整齊。

從外面看不見的部分也不能馬虎。

除了縫份的整理之外,線頭的處理與製作環境的整理也相當重要。

讓外觀精緻俐落的車縫法

Point: 依車縫後翻回正面的縫線呈現方式，其名稱與作法也有所不同。

對邊貼齊

像鑷子前端般完全對合的狀態。

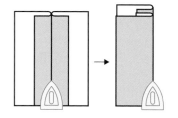

1 燙開縫份（參閱P.36）。在曲線處或無法燙開時，則沿縫線倒向單側。

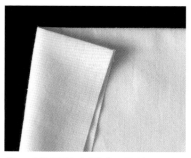

2 背面相對，以熨斗壓燙縫線，使其呈對邊貼齊的狀態。

從正面或背面看，都像鑷子前端般完全密合。

內縮

將縫線稍微往裡側移動（●），在布料表面看不見縫線。

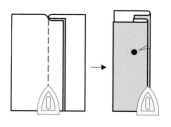

1 將縫份倒向單側（參閱P.38）。

2 將布料背面相對，為了從正面看不見縫線，將縫線內縮0.1至0.2cm，並以熨斗壓燙。

3 完成圖。

背面

角 度

Point: 為了縫製出美觀的角度，在車針刺在布中的狀態下轉動布料的方向。

|外凸角

Point: 以熨斗確實燙摺邊角的縫份。

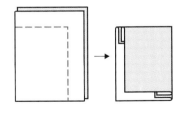

車縫外凸角

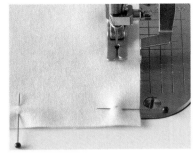

1 車縫至轉角處。

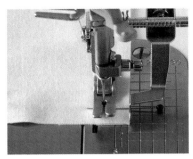

2 在車針刺在布中的狀態下暫停車縫。

3 維持車針不動，抬起壓布腳。

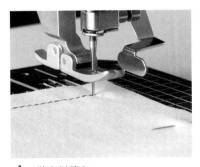

4 將布料轉向。

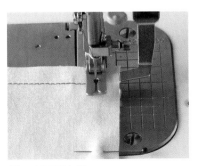

5 放下壓布腳。

6 繼續車縫。

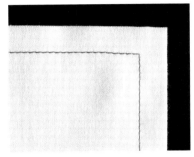

7 完成圖。

在無記號的狀態下車縫

只要事先在轉角位置以粉土筆點上圓點作記號，即可清楚知道轉角的位置。

◆按壓式粉土筆

可調節筆芯的長度、配合布料替換筆芯顏色的粉土筆。

將外凸角翻回正面

1 將兩片縫份一起沿縫線燙摺。

2 另一邊也同樣沿縫線燙摺，摺疊轉角部分的縫份。

3 手放入兩片布料之中，以食指與拇指夾住轉角的縫份，壓住。

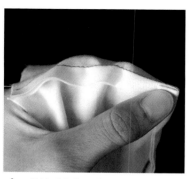

4 維持手指按壓著縫份的狀態，以將角度推出的感覺，翻回正面。

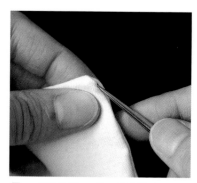

5 使用錐子，一點一點的挑出角度進行調整。

6 完成圖。

◎角度的縫份偏厚

摺疊後的縫份因布料本身的厚度或織法而有厚度時,需剪去角度的縫份。

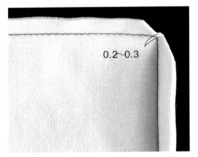

0.2〜0.3

1 沿縫線摺疊後,將重疊的厚縫份加以修剪。剪至距離縫線0.2至0.3cm。

2 完成圖。

若剪至縫線的邊緣,可能會造成縫線綻開,請特別注意。

整燙角度時,要夾入厚紙

將大約明信片厚度的厚紙放入翻回正面後的角度裡面,進行熨燙,這樣一來可避免縫份周圍突出,呈現整齊的角度。

 ▶  ▶

|斜角

Point: 將摺疊好的轉角縫份再次仔細的摺入。

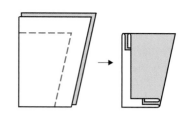

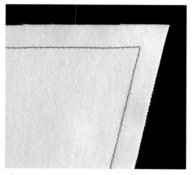

1 車縫斜角（參閱P.43）。

2 將兩片縫份一起沿縫線摺疊。

3 另一邊也同樣沿縫線摺疊。

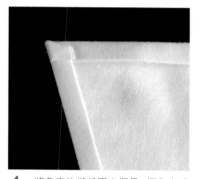

4 將角度的縫份再次摺疊，摺入完成線內側。

5 以手指壓住角度的縫份，翻回正面（參閱P.44的步驟3、4）。

6 使用錐子，仔細整理角度（參閱P.44的5）。

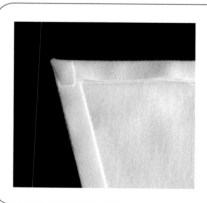

縫份的摺疊方法依個人喜好

雖然角度縫份的摺疊順序與方法並沒有一定，但如果能夠像圖中將內側的縫份整齊摺疊，翻回正面時即可呈現出美觀的角度。

◎車縫壓線

在轉角部分不易車縫,所以請一邊轉動手輪,一邊慢慢車縫。

1 在轉角暫停車縫,維持車針刺在布中的狀態,將布料轉向。

2 以右手轉動手輪,左手則輔助送布,慢慢的車縫一至二針。

3 完成圖。

◎角度的縫份偏厚

摺疊後的縫份因布料本身的厚度或織法而有厚度時,需剪去角度的縫份。

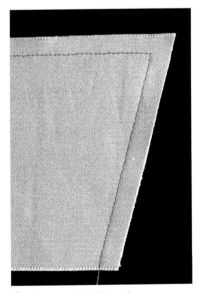

1 車縫斜角(參閱P.43)。

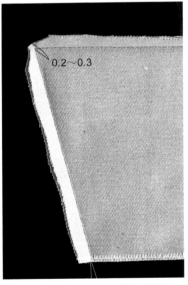

0.2~0.3

2 沿縫線摺疊後,將重疊的厚縫份加以修剪。

3 以手指壓住修剪後的縫份,翻回正面,整理角度部分。

內凹角

Point: 為了避免角度的縫份縐縮，要剪牙口。

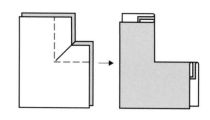

1 車縫角度（參閱P.43）。

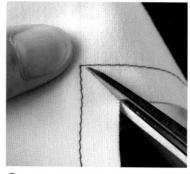

2 在縫份上剪牙口，剪至最接近角度縫線的地方。

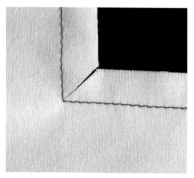

3 注意勿剪斷縫線。

4 將兩片縫份一起沿縫線摺疊。

5 另一邊也同樣沿縫線摺疊。

6 注意避免角度的縫份綻線。

7 翻回正面，以熨斗整燙。

8 完成圖。

◎角度的補強

在背面黏貼力布或黏著襯條

縫合前，在剪牙口的角度背面貼上力布或黏著襯條。

力布。只在角度部分貼上黏著襯。

在縫份部分貼上黏著襯條，覆蓋縫線0.2至0.3cm。

在布邊車縫壓線

剪牙口時，車縫壓線可作為補強。

此處車縫壓線的作法與角度的車縫方法（參閱P.47）相同。

以美工刀切牙口

想將牙口剪至最貼近縫線的位置時，使用美工刀最為方便。

◆美工刀

因為可以用刀刃前端確認牙口的位置後再進行切割，所以不會像剪刀般剪得太深。

縫份上的牙口剪得太淺。

翻回正面後，會出現縐褶。

✕

如果牙口剪得太淺，角度的縫份縐縮，會出現像酒窩般的縐褶。

有角度的剪接線

車縫外凸角與內凹角

Point:

從角度開始，將剪了牙口的部分朝上，進行車縫。

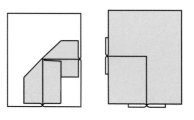

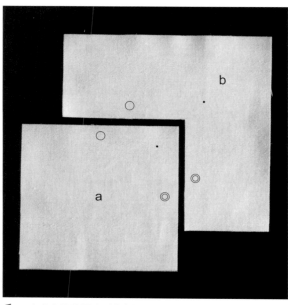

1 在角度的位置分別作上記號。

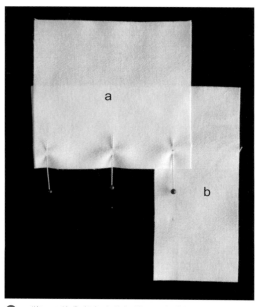

2 將a、b的○與角度的記號正面相對疊合。

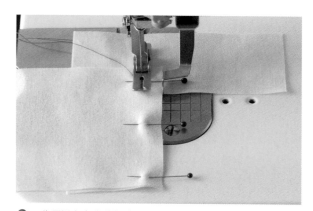

3 為了避免角度的記號移動，在角度處落針，進行回針縫（參閱P.32）後開始車縫。

4 在止縫處也進行回針縫後，將線剪斷。

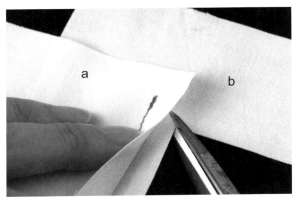

5 為了縫合◎，只在b的縫份上剪牙口，剪至最貼近角度止縫處的位置。

從b側所看見的狀態。

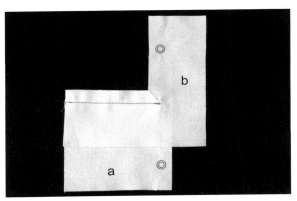

6 將b的牙口攤開，轉動布料，將◎記號疊合。

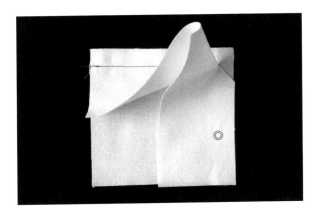

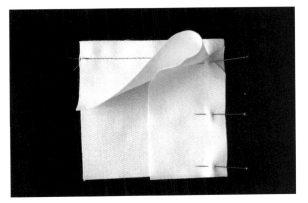

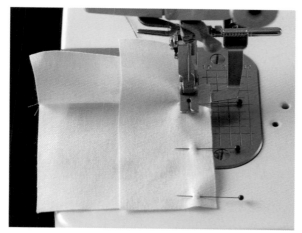
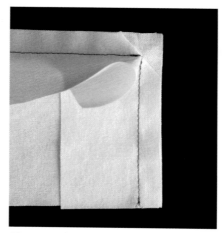

7　再次於角度的記號處落針，◎部分也以同樣方式縫合。

8　在止縫處也進行回針縫後，將線剪斷。

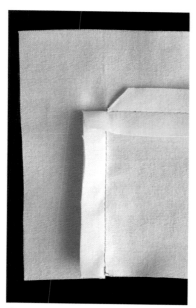
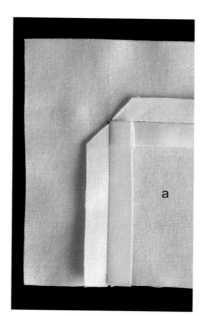
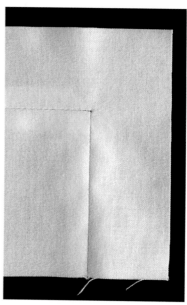

a

9　整燙車縫線，燙開縫份（參閱 P.36）。

10　另一邊的縫份也燙開。此時a的角度縫份像是摺入剪接線內側般摺疊。

正面。

◎將縫份倒向單側

將薄布或一般布料的縫份倒向單側。

倒向外側

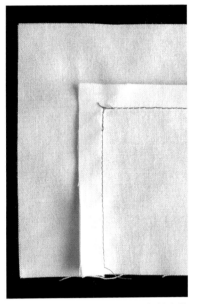

整燙車縫線後,將兩片縫份一起倒向外側。

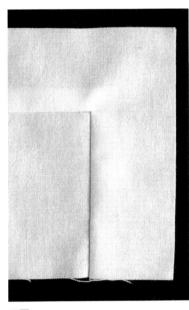

正面。

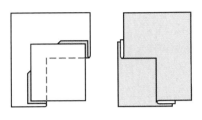

Point:

將縫份倒向單側,即會強調此側的完成線,改變外觀。

倒向內側

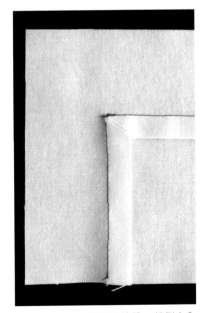

整燙車縫線後,將兩片縫份一起倒向內側。

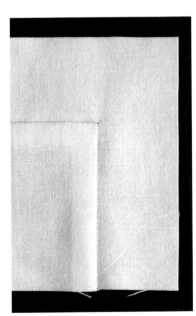

正面。

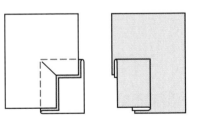

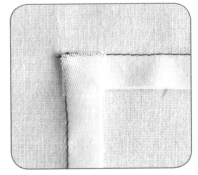

在剪牙口的角度縫份上可貼上黏著襯加以補強。

角度與直線

縫合角度與直線

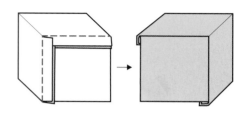

Point:

在一邊的縫份角度上剪牙口，將剪有牙口的部分朝上進行車縫。

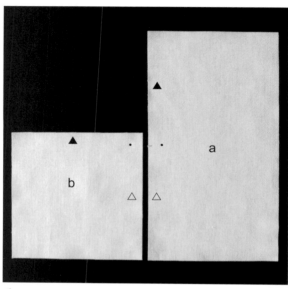

1 在角度位置上作上記號。

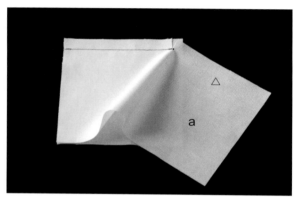

2 將▲記號正面相對，車縫至角度處，只在a的縫份上剪牙口，貼近角度的止縫處。

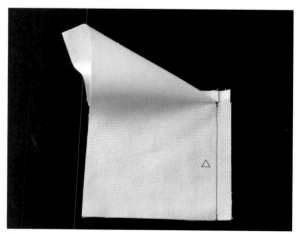

3 將△疊合後車縫。

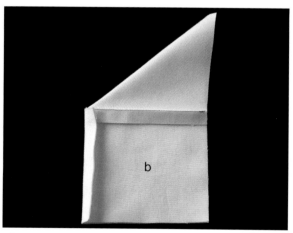

4 將縫份沿縫線兩片一起摺至b側。縫份收入b。

5 　翻回正面。

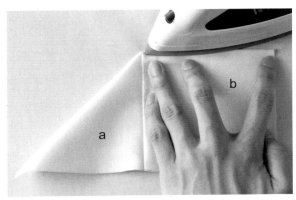
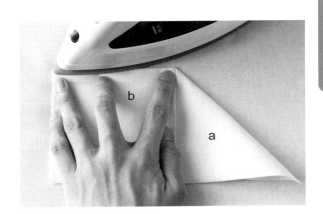

6 　進行熨燙，使縫線對邊貼齊（參閱P.42）。

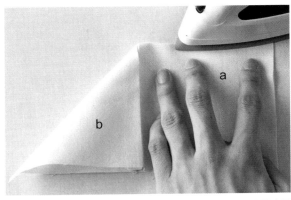
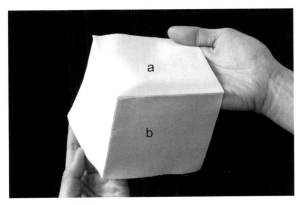

7 　想在a作上褶痕時，將▲與△的縫線對齊摺疊，以熨斗壓燙。

邊緣工整的完成品。

讓外觀精緻俐落的車縫法　55

曲線

外凸曲線

車縫曲線

Point: 一邊一點一點的改變方向，一邊車縫曲線。

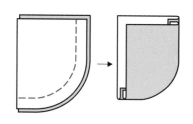

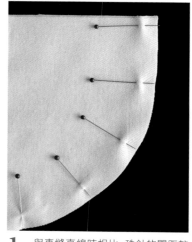

1 與車縫直線時相比，珠針的間距較小且數量較多。

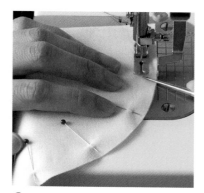

2 因為曲線不易一次車縫完成，所以請一點一點的進行車縫。

改變方向時，車針保持刺在布中的狀態，抬起壓布腳，改變布料方向。

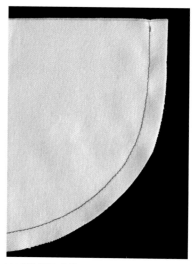

完成美觀的曲線。

將曲線部分翻回正面

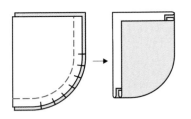

1 將縫份剪成0.5至0.7cm。

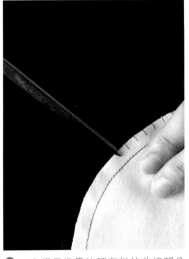

2 在織目堆疊的硬布料的曲線部分上剪牙口。

Point:
牙口與車縫線呈垂直剪入，牙口的深度約為縫份尺寸的一半。

3 翻回正面。

4 以手指從內側推出，呈現出曲線。

曲線

讓外觀精緻俐落的車縫法 57

5 　使用錐子，整理曲線。

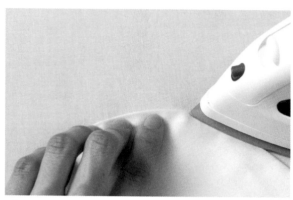

6 　用手輔助，以熨斗壓燙。

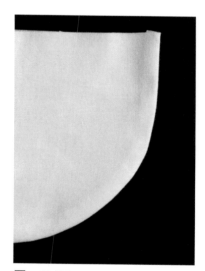

7 　完成圖。

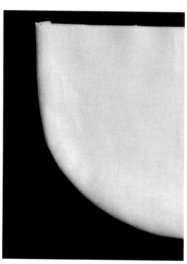

完成圖（背面）。

◎會看見縫份的薄布料

Point: 使縫份寬度整齊一致，即使會被看見也無妨。

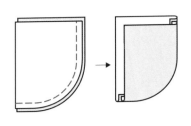

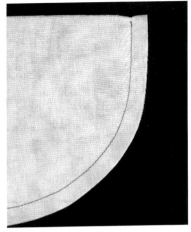

1 車縫曲線（參閱P.56）。

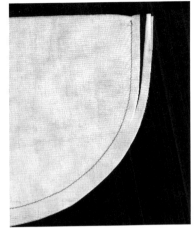

2 因為縫份會被看見所以不剪牙口，將縫份剪成0.5cm。

3 翻回正面。

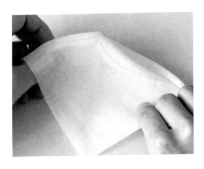

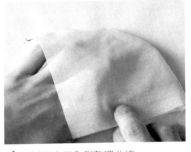

4 以指尖從內側整理曲線。

5 以壓住縫線的感覺，整理曲線。

6 進行熨燙，使其對邊貼齊。

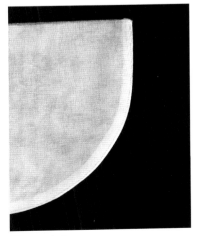

7 完成圖。

曲線

◎縫份偏厚的厚布料

Point: 在縫份上製造高低差後裁剪。

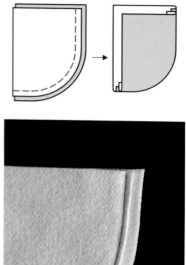
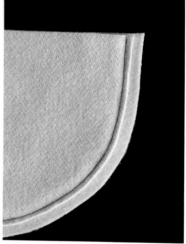

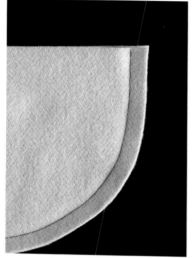

1　車縫曲線（參閱P.56）。

2　將其中一片縫份的寬度剪至0.3cm左右。

3　另一片則剪成0.7cm左右。

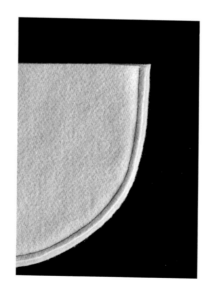

4 以將縫份推出的感覺，翻回正面。

5 以手指沿著縫線，整理曲線形狀。

6 在縫份上用手指輔助，將縫線推出。

7 在縫份上像是將縫線推出般，整理曲線。

8 用手輔助，以熨斗壓燙。

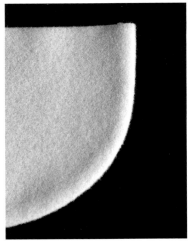

9 完成圖。

曲線

◎在最後階段車縫壓線

Point: 以車縫壓線的寬度，將兩片縫份裁剪成相同寬度。

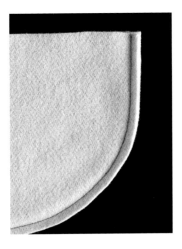

1 將兩片縫份一起裁剪，剪成車縫壓線的寬度。

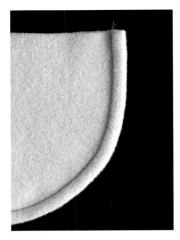

2 縫份藏入縫線中，呈現圓潤的形狀。

◎特別厚的布料（羊毛布）

Point: 以熨斗壓扁縫份的厚度，使成品更俐落。

1 只在縫份上以刷子滴入水分。

2 一邊以乾燙方式稍微施力壓燙，一邊壓扁縫份。

3 縫份變薄的樣子。

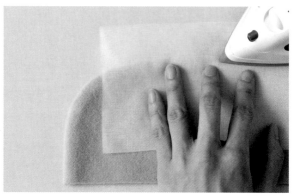

4 翻回正面（參閱P.61），進行熨燙。熨燙時鋪上墊布才不會損傷布料的質地。

◎彎度較大的曲線

Point: 將彎度明顯部分的縫份寬度剪窄。

1　車縫曲線 (參閱P.56)。

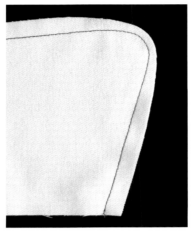

2　將彎度明顯部分的縫份寬度剪成 0.3cm左右。

3　以手指壓住曲線部分,以此狀態像 是將曲線推出般,翻回正面。

4　以指尖從內側推出圓角部分。

5　使用錐子,一點一點的仔細整理圓 角部分。

6　以熨斗壓燙。

7　完成圖。

曲線

讓 外 觀 精 緻 俐 落 的 車 縫 法　63

曲 線

|內凹曲線

Point: 為了避免縫份縐縮,要剪牙口。

牙口深度以剪至縫份寬度的一半為標準。若牙口之間的距離較窄,
翻回正面後可呈現出流暢的曲線。

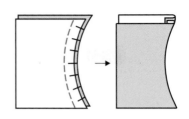

1　車縫曲線(參閱P.56)。

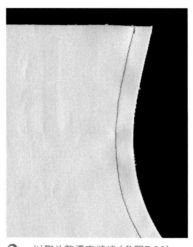

2　以熨斗整燙車縫線(參閱P.36)。

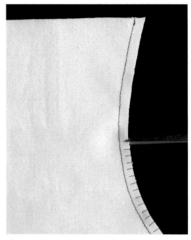

3　將縫份剪成0.5cm左右,剪入許多
　　牙口。

4　翻回正面。

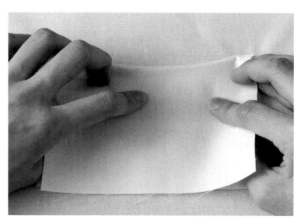

5　避免拉長縫線。

6 在縫份上像是將縫線推出般，整理曲線。

7 以熨斗壓燙縫線。

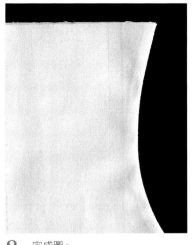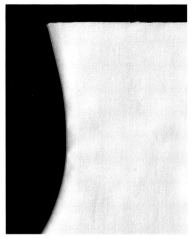

8 完成圖。　　　　　　完成圖（背面）。

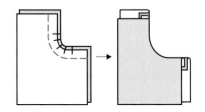

◎彎度較大的曲線

Point: 將縫份寬度修窄，剪牙口。

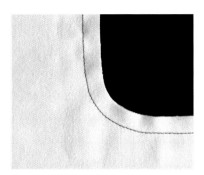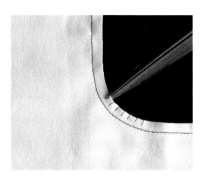

1 車縫曲線（參閱P.56）。

2 將縫份剪成0.4至0.5cm，在曲線部分密集的剪牙口。

3 翻回正面後，以熨斗壓燙。

曲線的剪接線

Point: 事先在紙型上正確的作上縫合用的合印記號。

車縫外凸曲線與內凹曲線

Point: 寬度較窄的縫份比較容易縫合。一邊剪牙口，一邊別上珠針。

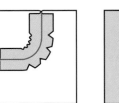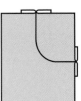

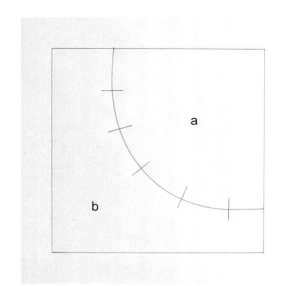

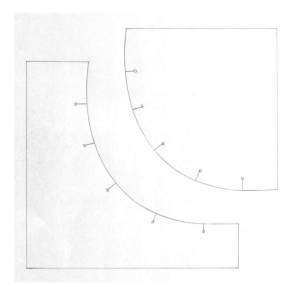

在紙型上作上正確的a、b的合印記號。

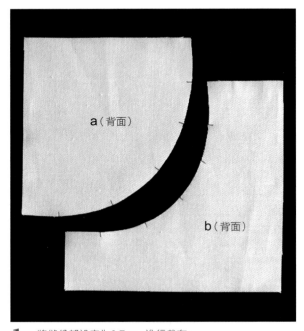

1　將縫份都設定為0.7cm，進行裁布。

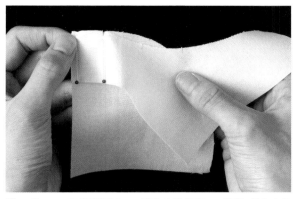

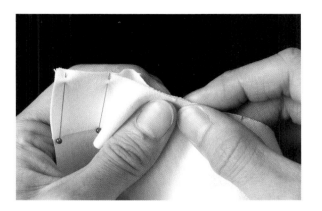

2 將a、b正面相對疊合。一邊將布邊對齊，一邊從b側在合印記號上別上珠針。

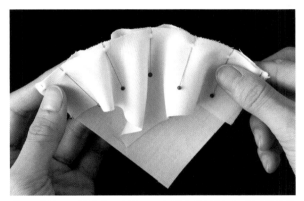

3 雖然a、b的縫線距離相同，但因為曲線相反，所以縫份邊緣的尺寸會呈現不一致的狀態。

4 只在b的縫份上密集的剪牙口。牙口的深度約為縫份寬度的一半。

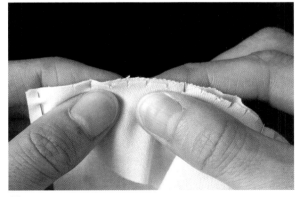

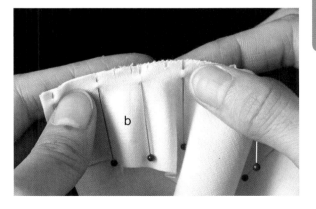

5 一邊將b的牙口拉開，一邊對齊a的縫份邊緣，別上珠針。

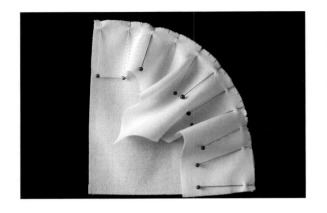

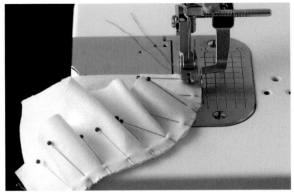

6 將b朝上，進行車縫。

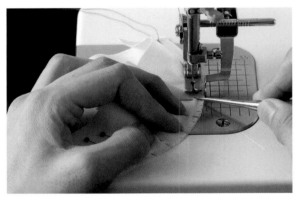

7 即使別上許多珠針固定，縫線還是會往上浮起，所以建議一邊以錐子按壓，一邊進行車縫。

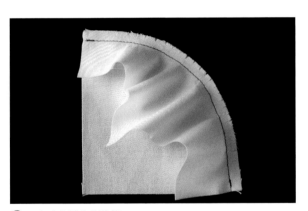

8 完成車縫後的狀態。

9 以熨斗整燙車縫線。

10 一邊以熨斗的前端一點一點的壓燙，燙開縫份。

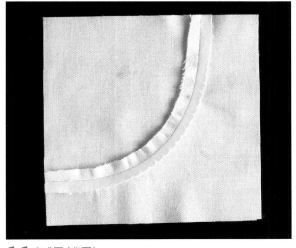

 完成圖（背面）。

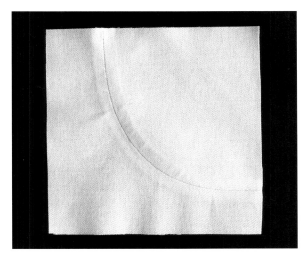

完成圖（正面）。

◎將縫份倒向單側

Point: 輕輕燙開縫份後，將縫份倒向單側。

倒向外側

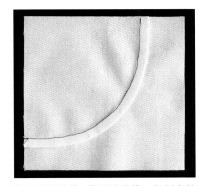

整燙車縫線後，將兩片縫份一起倒向外側。

正面。

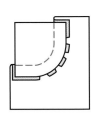 

倒向內側

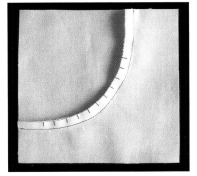

整燙車縫線後，將兩片縫份一起倒向內側。

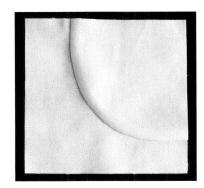

正面。

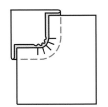 

曲線的剪接線

曲線與直線

車縫圓筒底部

Point: 將合印記號正確疊合，別上多支珠針固定。

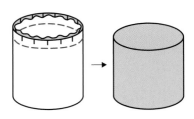

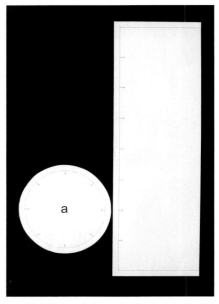

在紙型上作上正確的a、b的合印記號。

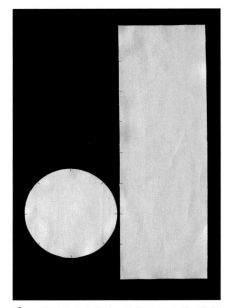

1 縫份的寬度較窄，比較容易車縫。將縫份皆設定為0.7cm，進行裁布。

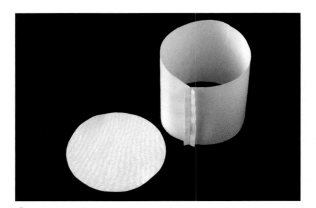

2 將b縫製成圓筒形（參閱P.40）。

3 將a、b的縫線正面相對，對齊合印記號，別上珠針（參閱P.67）。

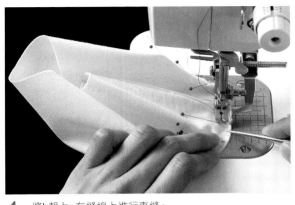

4 將b朝上,在縫線上進行車縫。

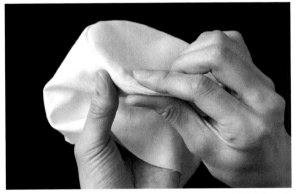

5 翻回正面,從內側以手指將縫份推出,並從外側整理縫線。

6 將a的底部朝下,在曲線的縫線上緩緩的熨燙,凸顯邊緣。

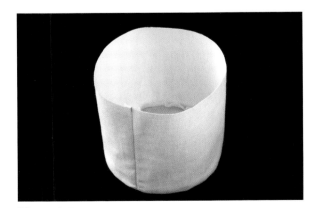

7 完成圖。

為了使成品更美觀

一點小小的工夫即可影響成品的美觀度。
如果在看不見的部分偷工減料，成品將會變成這種感覺……

縫份沒有修窄就翻回正面……

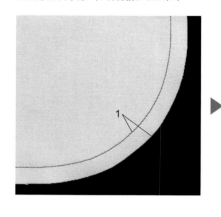 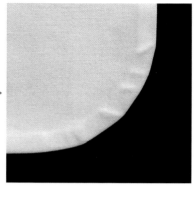

縫份重疊，造成表面凹凸不平。

在薄布料、透明的布料上，縫份寬度不一致……

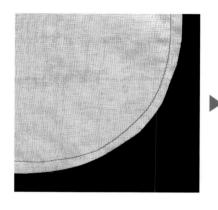 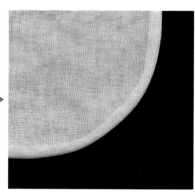

即使車縫得相當美觀，如果從表面看見寬窄不一致的縫份，將無法呈現出漂亮的曲線。

混雜不一致的牙口……

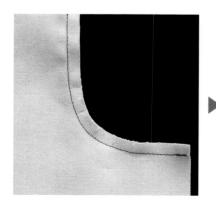 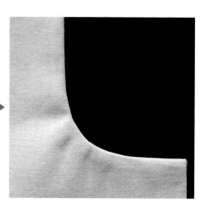

受到牙口位置的影響，無法呈現出漂亮的曲線。

縫份、摺疊份的處理

在無裡布,以一片布料縫製時,因為可看見背面,所以需仔細的處理縫份。

依用途所進行的處理方式兼具補強縫線的功用,車縫壓線也成為一種設計。

建議配合設計,思考適當的處理方法。

觀察看看平常不會注意的成衣背面,或許也是一種趣味也說不定。

Z字形車縫

藉由鋸齒狀的縫線，防止布邊綻線。依布料不同，車縫方式也不同。

Point: 務必先在剩餘的布料上試驗車縫。

在布的內側進行Z字形車縫

如果在一片布料上進行Z字形車縫，有時會被鋸齒狀的縫線拉扯造成
縐縮。因此，薄布料或質地柔軟的布料是在紗線穩定的內側進行Z字形
車縫，之後再剪去多餘的布料。
因為考慮到之後要剪去的布料，需預留多一些縫份或摺疊份。

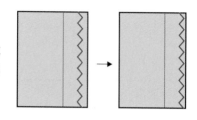

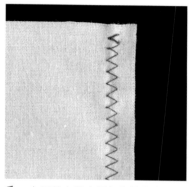

1 在距離布邊多預留的縫份（0.5至
1cm）內側車1針回針縫後，進行Z
字形車縫。

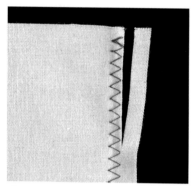

2 剪去多餘的布料，注意不要剪斷車
縫線。

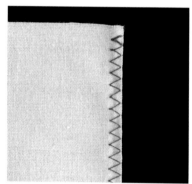

3 以熨斗整燙針目。

在布邊進行Z字形車縫

厚布料或牢固的布料，可以剪去多的縫份或摺疊份後車縫。
貼齊布邊進行Z字形車縫。

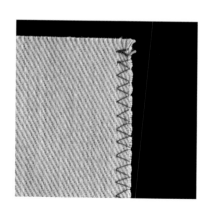

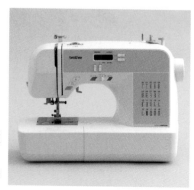

◆Z字形車縫
Brother NS301
家用電腦縫紉機

◎燙開縫份

也可以在縫合前，事先在布邊進行Z字形車縫。

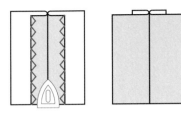

1 縫合，以熨斗整燙車縫線（參閱 P.36）。

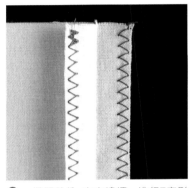

2 攤開縫份，在布邊逐一進行Z字形車縫。

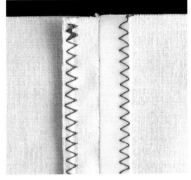

3 燙開縫份（參閱P.36）。

◎將縫份倒向單側

使用薄布料時，兩片縫份一起進行Z字形車縫後倒向單側，較為美觀且牢固。

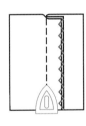

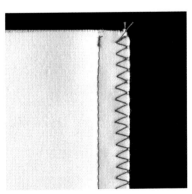

1 將兩片縫份一起進行Z字形車縫。

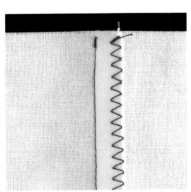

2 將縫份倒向單側（參閱P.38）。

拷 克

以三條或四條線進行環狀車縫的處理方式。
因為環狀車縫不會造成縐縮,所以可在任何材質的布料布邊上進行。
另外可利用附屬的裁刀一邊裁切布邊一邊拷克。
此時請預留多一些縫份或摺疊份。

三線拷克的縫線

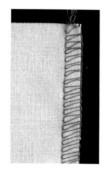 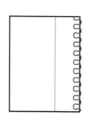 

四線拷克的縫線

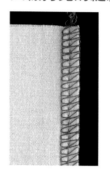 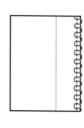 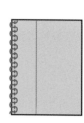

始縫處與止縫處

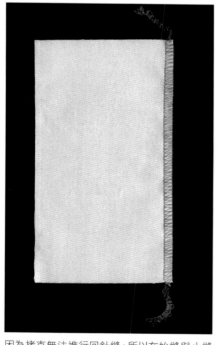

因為拷克無法進行回針縫,所以在始縫與止縫處續縫7至8cm。

處理線尾

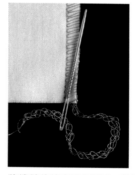 ▶

將續縫的線穿過刺繡針,藏入縫線中,並將多餘的線剪掉。

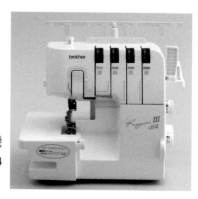

◆拷克機
Brother kagari III df4
可同時並用三線拷克與四線拷克。

◎燙開縫份

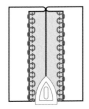
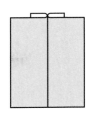
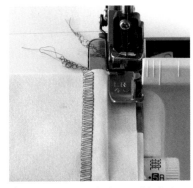
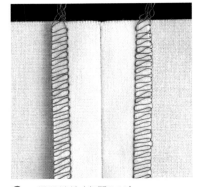

1 攤開縫份，在布邊逐一進行拷克。

2 燙開縫份（參閱P.36）。

◎將縫份倒向單側

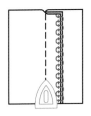

1 兩片縫份一起進行拷克。

2 整燙車縫線，將縫份倒向單側（參閱P.38）。

◎以四線拷克進行縫合

因為四線拷克也同時兼具縫合的功用，所以針織布料等僅進行拷克即可完成縫合。

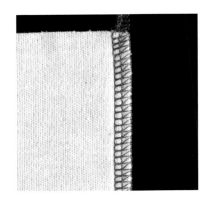
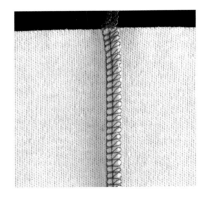

捨邊端車縫

在距布邊0.2至0.3cm的內側進行車縫，防止布料綻線。

Point: 使用小針目比較不易綻線。

◎燙開縫份

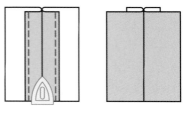

1 攤開縫份，在布邊進行車縫。

2 另一邊也同樣進行車縫。

3 燙開縫份（參閱P.36）。

◎將縫份倒向單側

沒有拷克機，或縫紉機無Z字形車縫功能時，可使用此方法處理針織布的縫份。

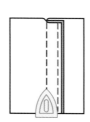

1 兩片縫份一起進行車縫。

2 整燙車縫線，將縫份倒向單側（參閱P.38）。

邊 機 縫

摺疊布邊進行車縫。在布邊多預留一些縫份或摺疊份。

◎燙開縫份

Point:

將另一邊的布邊對齊一開始摺好的布邊摺疊，藉此使縫份寬度一致，燙開時會更加美觀。

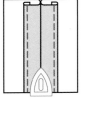
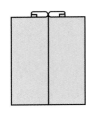

1 縫份寬度另外加上摺疊份（約0.5cm）。

2 將其中一邊的縫份布邊以熨斗平行摺疊（約0.5cm）。

3 另一邊也以相同方式摺疊。

4 在摺疊好的布邊上進行車縫。

5 燙開縫份（參閱P.36）。

◎縫份倒向單側

Point:

連同裁剪後的內側縫份一起進行車縫壓線。

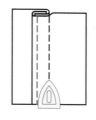

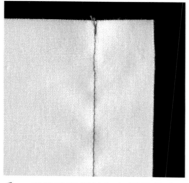

1 縫份寬度另外加上摺疊份（約0.5cm）後縫合，以熨斗整燙車縫線。

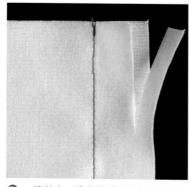

2 將其中一邊的縫份（倒向單側的部分）剪去約0.6cm。

3 以另一邊的縫份包住裁剪後的縫份。

4 在摺疊好的布邊上進行車縫。

5 整燙車縫線，將縫份倒向單側（參閱P.38）。

包 縫

將縫份倒向單側,從正面車縫壓線。

Point: 以熨斗使縫份倒向單側後,車縫壓線。

1 縫份倒向單側(參閱P.38)。

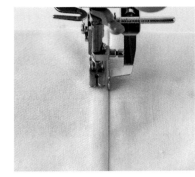

2 從正面將倒向單側的縫份車縫壓線。

3 完成圖(正面)。

完成圖(背面)。

沒有縫上裡布時,也可先處理縫份後再車縫壓線。

◎使用厚布料

Point:
經過裁剪後的縫份收入車縫寬度內。

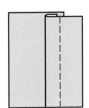
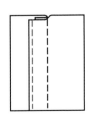

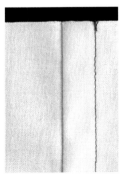

1 裁剪車縫側的縫份布邊(車縫寬度減去約0.2cm)。

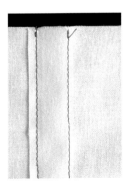

2 將倒向單側的縫份,從正面車縫壓線固定。

完成圖(背面)。

包邊縫

摺疊縫份的布邊後,從正面車縫壓線。
裁剪其中一片縫份後,將縫份倒向單側的方式稱為包邊縫,將縫份燙開的則稱為雙邊摺縫。

|包邊縫

Point:

藉由仔細熨燙,使縫份倒向單側,
可呈現出美觀的縫線。

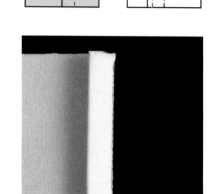

◎單線車縫

1 將縫線側的縫份寬度剪成一半。

2 將另一邊的縫份包住裁剪成一半的縫份。

3 沿著車縫線摺疊。

4 將布料攤開,將縫份倒向車縫側。

5 將倒向單側的縫份,從正面車縫壓線固定。完成圖(正面)。

完成圖(背面)。

◎雙線車縫

在縫線的邊緣也進行車縫。將
邊緣的縫線放在後方，以同一
方向車縫，可避免布料的歪斜。

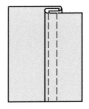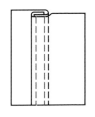

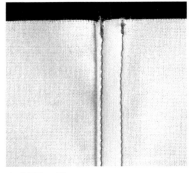

完成圖（正面）。

完成圖（背面）。

| 雙邊摺縫

Point:

將縫份設定成可往內對摺的寬度，平行的進行車縫。

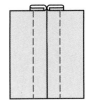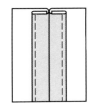

1 將其中一邊的縫份對摺。

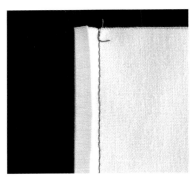

2 另一邊也以步驟**1**的方式摺疊。

3 燙開縫份。

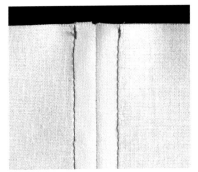

4 從正面在縫線的兩側進行車縫，固定縫份。完成圖（正面）。

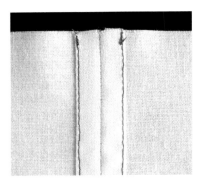

完成圖（背面）。

袋縫

將布邊整理成袋狀的作法。適合用於薄布料或透明材質。

Point: 將布邊裁剪整齊後，包裹車縫。

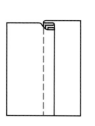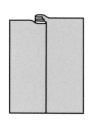

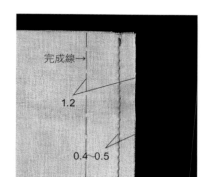

1 將布料背面相對，進行車縫。

完成線→

1.2

0.4～0.5

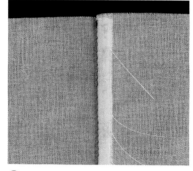

2 將縫份倒向單側。此時將布邊的綻線剪乾淨。

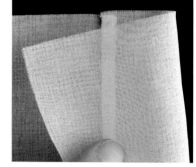

3 像是包住縫份般，將布料正面相對摺疊。

4 沿著縫線摺疊，以熨斗壓燙。

5 沿完成線車縫。

6 將縫份倒向單側（參閱P.38）。

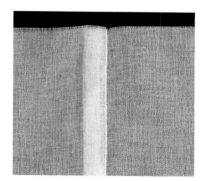

完成圖（正面）。

✕

如果在步驟**2**未將布邊的綻線剪乾淨，綻線會從完成處露出，影響成品美觀。

二摺邊

將布邊依摺疊份的寬度往內摺。

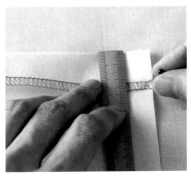

1 將布的背面朝上，放在熨燙台上。
  一邊以量尺測量摺疊份的寬度，一
  邊別上珠針固定。

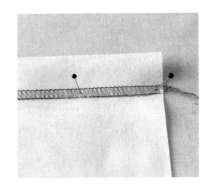

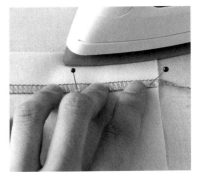

2 以熨斗壓燙褶線。

◎車縫壓線

Point: 在完成線上平行的進行車縫。

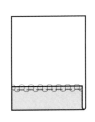

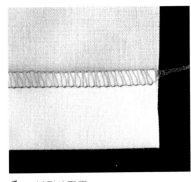

1 以熨斗壓摺。

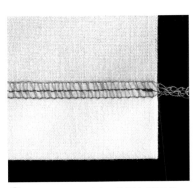

2 像在處理布邊般，進行車縫壓線。

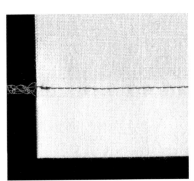

完成圖（正面）。

在細微的整燙作業中，使用起來很方便的竹尺

一邊摺疊摺疊份，一邊進行熨燙時，使用遇熱不會融化的竹尺較為方便。

◆竹尺
因為長度僅20cm，所以適合放在手
邊使用。

◎藏針縫

Point:
若在布邊處挑起來縫製，在正面就不會出現摺疊份的輪廓。

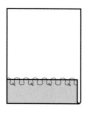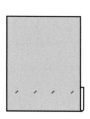

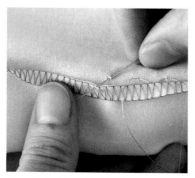

1 將往內摺的摺疊份稍微往前方倒，在布邊處挑起來縫製。

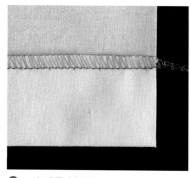

2 完成圖（背面）。

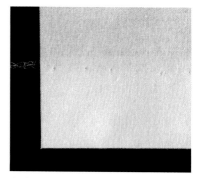

完成圖（正面）。

◎在針織布上車縫壓線

Point: 一邊以蒸氣熨斗使拉長的車縫線復原，一邊進行車縫。

1 在針織布的布邊進行拷克，會使布料拉長。

2 將拉長呈波浪狀的部分，以蒸氣熨斗整燙。

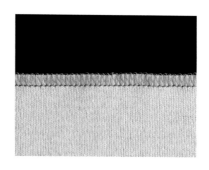

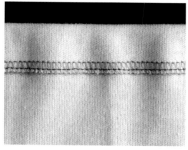

3 車縫壓線後，拉長的車縫線也與步驟**2**一樣以蒸氣熨斗整燙。

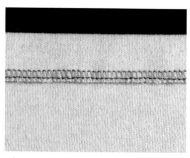

4 完成圖（背面）。

Point:
在車縫針織布料時，務必使用針織布用的車線與車針（參閱P.24）。

三 摺 邊

將布邊往內摺後再次摺疊。

Point: 因為是在褶邊進行車縫壓線，所以需正確的熨燙。

完全三摺邊

用於想將褶邊寬度變窄時，尤其適合輕薄透明的材質。
摺疊份尺寸是完成寬度的兩倍。

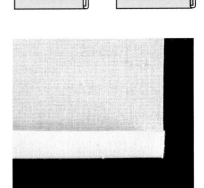

1　沿完成線摺疊。

2　將步驟 **1** 的摺疊份展開，僅摺疊剛才一半的寬度。

3　維持步驟 **2** 的摺疊狀態，再次沿完成線摺疊。

4　在褶邊進行車縫壓線。

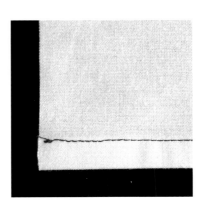

完成圖（正面）。

寬幅的三摺邊

在進行寬度較寬的車縫或使用厚布料時，
為了避免摺疊份過厚，製造高低差後再摺疊。
摺疊份尺寸為完成寬度另加1cm。

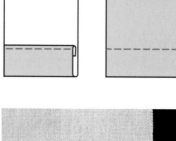

1 沿完成線摺疊。

2 將步驟1的摺疊份展開，在邊緣摺疊1cm。

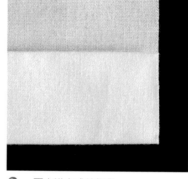

3 再次沿完成線摺疊。

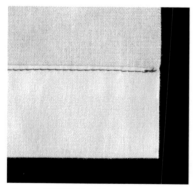

4 在褶邊進行車縫壓線。

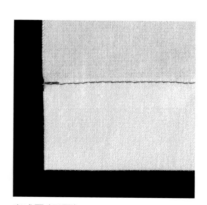

完成圖（正面）。

滾邊處理

在完成線周圍的滾邊,是會不自覺吸引目光的焦點。

使用別布或布條來製作滾邊,可享受到各種不同的變化。

雖然是一項在最後階段才進行的作業,但在完成之前請不要鬆懈。

直線的滾邊

使用另行裁剪的布製作滾邊。

摺疊斜布條的兩側後接縫

◎車縫壓線

在正面與背面車縫壓線,使其牢固。
斜布條是使用P.97的A作法。

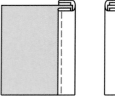

1 將本體與斜布條正面相對疊合,從距離布條褶痕約0.1cm處車縫縫份側。

2 以斜布條包住縫份般翻回背面。

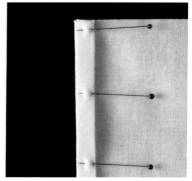

3 在翻至背面的斜布條上別上珠針。

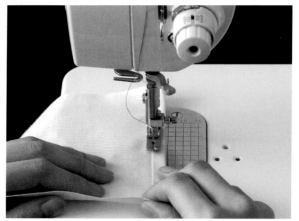

4 從正面在斜布條的邊緣進行車縫壓線。

Point:
在正面或背面皆可進行車縫壓線。

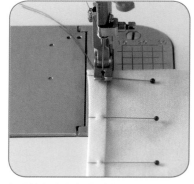

如果擔心沒有車縫到背面的斜布條,也可從背面進行車縫壓線。

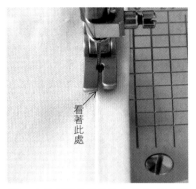

5 在進行褶線邊緣的車縫時，看著褶線與壓布腳的位置，會比較容易車縫。

看著此處

6 完成圖（正面）。

完成圖（背面）。

◎藏針縫

用於不想在正面與背面露出縫線時。

斜布條是使用P.97的A作法。

Point: 在布條的縫線上進行，會更為美觀。

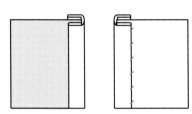

1 將本體與斜布條正面相對疊合，從距離布條褶痕約0.1cm處車縫縫份側。

在翻回背面的斜布條上別上珠針，進行藏針縫。完成圖（背面）。

完成圖（正面）。

◎落機縫

用於不想在正面呈現明顯的縫線時。
斜布條是使用P.97的B作法。

Point: 注意不要車縫到布條。

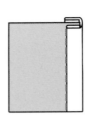 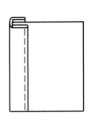

1 將本體與斜布條寬度較窄的部分
正面相對疊合,從距離布條褶痕約
0.1cm處車縫縫份側。

2 將斜布條翻至背面包覆,遮住約
0.2cm的縫線,別上珠針固定。

3 從正面在步驟1的縫線上車縫。

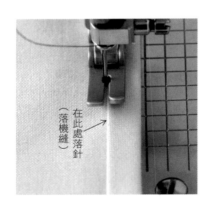

（落機縫）
在此處落針

4 完成圖（正面）。正面的縫線看起
來並不明顯。

完成圖（背面）。

斜布條的背面側不摺疊

斜布條的背面側不摺疊，使滾邊厚度較薄。

◎車縫壓線

斜布條是使用P.97的A作法。

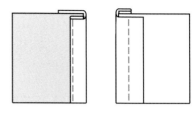

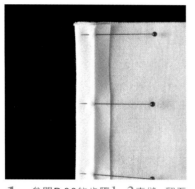

1 參閱P.90的步驟1、2車縫，翻至背面的斜布條不摺疊，攤開後別上珠針。

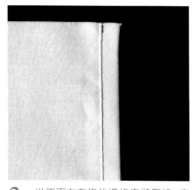

2 從正面在布條的邊緣車縫壓線。完成圖（正面）。

3 完成圖（背面）。

◎落機縫

斜布條是使用P.97的A作法。

Point: 注意不要車縫到布條。

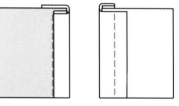

參閱上面的步驟1。在固定斜布條的縫線上車縫。完成圖（正面）。

完成圖（背面）。

因為厚度較薄，所以適合用來處理大衣等厚布料的縫份、摺疊份。

曲線的滾邊

使用斜布條進行滾邊處理。依曲線的凹凸程度，固定尺寸也有所差異。

外凸曲線

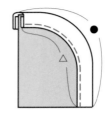
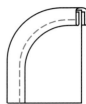

Point:

因為比起斜布條的固定尺寸（△），完成線的外側尺寸（●）比較長，所以縫製時需避免長度不足。

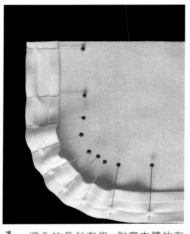

1 避免拉長斜布條，對齊本體的布邊，別上珠針固定。

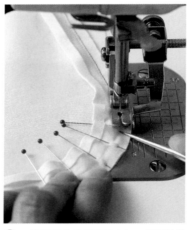

2 從距離布條褶痕約0.1cm處車縫縫份側。

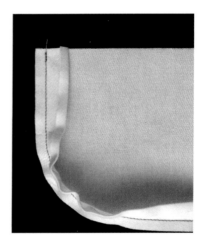

3 以斜布條包住縫份般翻至背面。

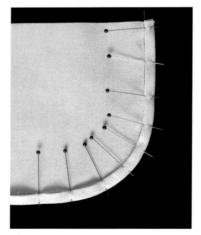

4 在翻至背面的斜布條上別上珠針固定。

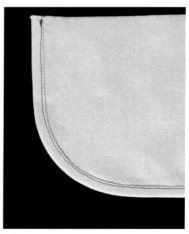

5 從正面在布條的邊緣車縫壓線。完成圖（正面）。

內凹曲線

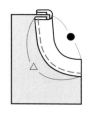
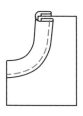

Point:

因為比起斜布條的固定尺寸（△），完成線的外側尺寸（●）比較短，所以縫製時需稍微拉伸。

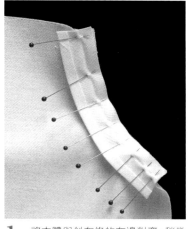

1 將本體與斜布條的布邊對齊，稍微拉伸布條，別上珠針固定。注意勿拉扯本體。

2 從距離布條褶痕約0.1cm處車縫縫份側。

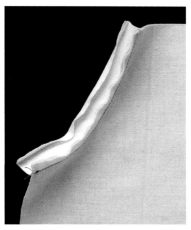

3 以斜布條包住縫份般翻至背面。

4 在翻至背面的斜布條上別上珠針固定。

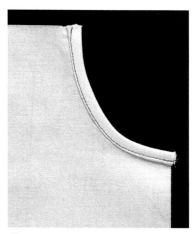

5 從正面在布條的邊緣車縫壓線。完成圖（正面）。

斜布條

與直布紋、橫布紋呈45度的斜布紋裁剪而成的條狀布料。質地也較為柔軟易彎曲。

兩褶斜布條的作法

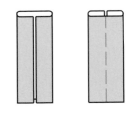

Point:

**因為斜布條容易伸長，造成寬度變窄，
所以在熨燙時需注意避免拉長斜布條。**

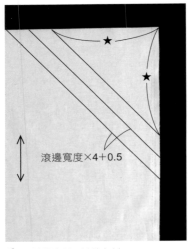

滾邊寬度×4+0.5

1 整燙布紋，斜剪布料。

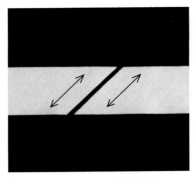

2 接縫斜布條時，需對齊布紋。

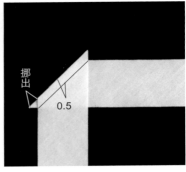

挪出

0.5

3 將布紋對齊的布邊正面相對疊合。
此時需移出縫份寬度。

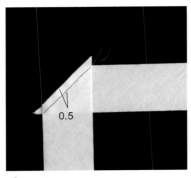

0.5

4 車縫。

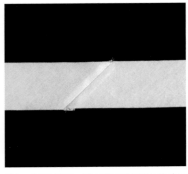

5 燙開縫份，將多餘的縫份剪掉（正面）。

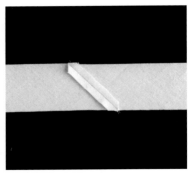

背面。

6 在熨燙台上將布條的布邊背面相對疊合後對摺。

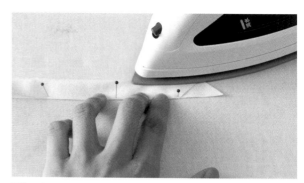

7 在疊合的布邊上別上珠針固定,以熨斗壓燙,此時需避免拉長對摺線部分。

8 將布條展開,再次將布邊與外褶痕對齊後摺疊,與步驟7一樣進行熨燙。

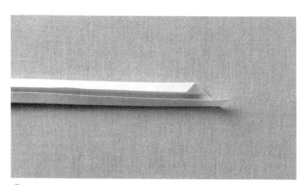

9 完成圖。

◎四褶斜布條的作法

進行落機縫時,斜布條是採用B的作法。

A（正面）

B（正面）

A是在步驟6時對摺。
B是在步驟6時將背面側的布邊移動0.3cm左右後摺疊。

|以滾邊器製作

輕鬆熨燙兩褶的斜布條,可以製作出寬度一致的滾邊。

◆滾邊器
可輕鬆摺疊斜布條的工具。
分為6mm、12mm、18mm、25mm、50mm的尺寸。

1 整燙布紋(參閱P.96),斜剪布料。

2 將布條穿入滾邊器。

3 以針或錐子的前端一點一點的推出布條。

4 從滾邊器拉出布條,別上珠針固定。

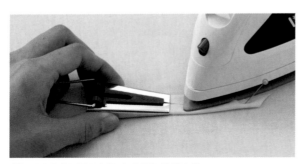

5 以熨斗壓燙兩側往中間摺入的斜布條。

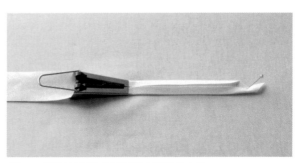

6 一邊拉滾邊器,同時以熨斗壓燙斜布條。

滾邊的重疊接縫

在本體的周圍或呈圓筒狀的部分進行滾邊時，始縫處與止縫處的簡易接縫方法。

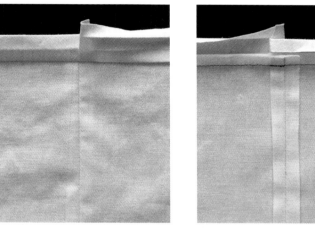

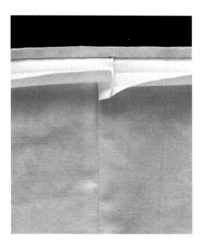

1 將斜布條的布邊摺疊1cm後開始車縫，繞本體一圈後重疊約1cm左右，結束車縫。

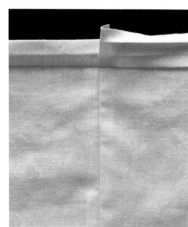

2 包住縫份後翻至背面。

3 雖然將布條與本體的剪接線對齊，看起來較為美觀，但在布料較厚的情況下，有時會特意避開。

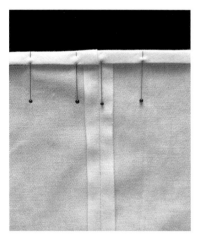

4 在翻至背面的斜布條上別上珠針，從正面在布條的邊緣進行車縫壓線。

5 完成圖（正面）。

完成圖（背面）。

斜布條

滾邊的重疊接縫

三捲邊

車縫寬度狹窄的三摺邊。配合專用的壓布腳。

三捲邊

Point: 以細針目車縫較為美觀。

1 將捲邊壓布腳安裝在縫紉機上。

2 將布端放入捲邊壓布腳的捲入口。

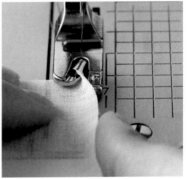

3 使布料被捲入般,以手輔助進行車縫。

4 從側面所看見的指尖狀態。

三捲邊的重疊接縫

因為已呈縫合狀態的布邊不易以捲邊壓布腳進行處理，
所以事先將布邊進行三捲邊處理後再縫合。

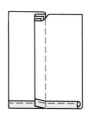
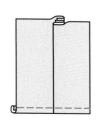

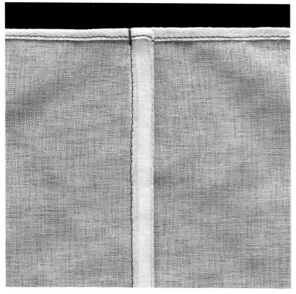

圖片中是將布端進行三捲邊處理後，再以袋縫（參閱P.84）處理
接縫縫份的成品。將透明布料的布邊處理得相當美觀。

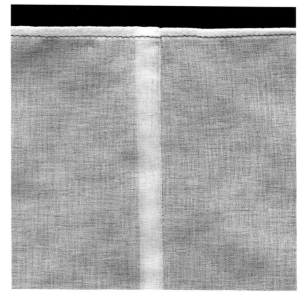

正面。

● 因為一邊三摺邊，一邊車縫壓線，所以無法妥善處理角度。

◆ 捲邊壓布腳
可製作出窄幅三摺邊的壓布腳。
如果使用厚布料，可能會無法順利捲入布邊，
所以適合用於薄布料。

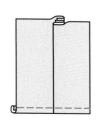

三捲邊

框角

以一定寬度摺疊框角的處理作業。不適合用於銳角。

Point: 以熨斗沿完成線仔細燙摺一次。

| 二摺邊

Point: 在沿完成線摺疊的狀態下,正確的在縫份上作上記號。

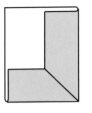 

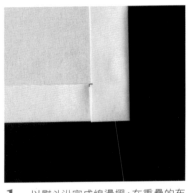

1 以熨斗沿完成線燙摺,在重疊的布邊上作上記號。

2 展開。

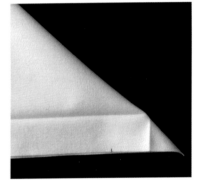

3 對齊記號,正面相對摺疊。

4 從完成線的框角車縫至布邊的記號。

5 將框角的縫份展開。

注意勿熨燙出多餘的褶痕。

Point: 使用厚布料或縫份較厚的情況下,要裁剪縫份(參閱P.104)。

6　將縫份整齊的摺疊在框角的完成
　　線上。

7　以指尖壓住框角,翻回正面。

8　以錐子整理框角。

9　完成圖(背面)。

完成圖(正面)。

|三摺邊

Point: 以熨斗仔細壓摺框角的縫份。

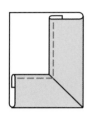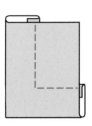

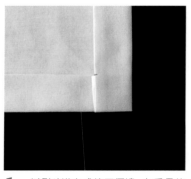

1 以熨斗沿完成線三摺邊,在重疊的褶線上作記號。

2 展開。

3 對齊記號,正面相對摺疊,從完成線的框角車縫至布邊的記號。

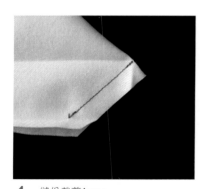

4 縫份裁剪1cm。

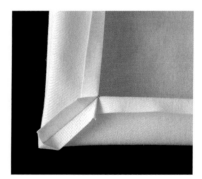

5 燙開步驟4的縫份。

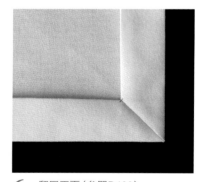

6 翻回正面(參閱P.103)。

7 在褶線邊緣車縫壓線。

完成圖(正面)。

部 分 縫

在這裡所介紹的部分縫都是基本的縫法。

如果不確定怎麼作時,請參考成衣的作法,

在我們的身邊有許多衣服都可當成製作的樣本。

喜愛的衣服或包包,是如何縫製而成的呢?

「這是怎麼縫的呢?」無意中注意到的細節,

如果仔細觀察,將可以從中獲益良多。

請一邊將這些從成品獲得的靈感作為參考,一邊進行縫製。

貼 邊

處理領圍、袖襱、前端的布料稱為「貼邊」。
雖然基本上是使用表布共同布，但若使用別布則可當成裝飾。

|另行裁剪的貼邊

想使邊緣更牢固時，對齊完成線，以另行裁剪的貼邊進行處理。
在貼邊的背面貼上黏著襯會更加牢固。

◎直線的部分

比起摺疊處理更加牢固。

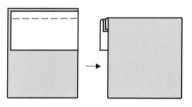

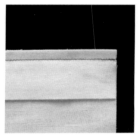

1 將本體與貼邊正面相對縫合。

2 沿車縫線將貼邊倒向單側（參閱P.38）。

3 翻至背面，貼邊稍微往內縮（參閱P.42）。以熨斗壓燙。完成圖（背面）。

完成圖（正面）。

將貼邊往內摺，進行車縫壓線

1 將貼邊往內摺0.5至1cm，與本體正面相對重疊，縫合。

2 沿縫線將貼邊倒向單側（參閱P.38）。

3 翻至背面整平，在貼邊內摺部分進行車縫壓線。完成圖（背面）。

完成圖（正面）。

◎角度部分

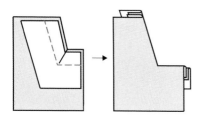

以P.48的「內凹角」的要領進行車縫，以熨斗壓燙，使其對邊貼齊。

完成圖（背面）。

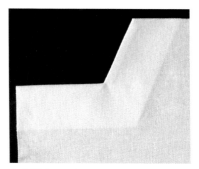

完成圖（正面）。

◎曲線部分

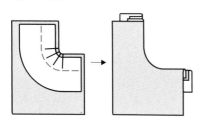

以P.64的「內凹曲線」的要領進行車縫，對邊貼齊或是稍微內縮貼邊，以熨斗壓燙。

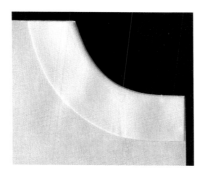

完成圖（背面）。

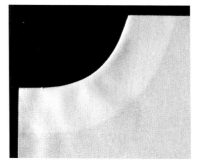

完成圖（正面）。

使用布條

◎使用斜布條

曲線部分可使用斜布條（參閱P.98）。
在車縫布條時，本體出現縐縮的情況時，請剪牙口。

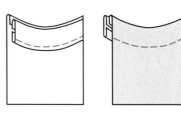

1 將兩褶的斜布條其中一邊展開，將本體的完成線與斜布條的褶痕正面相對，別上珠針，進行車縫。

2 將布條翻至背面，對邊貼齊或是稍微內縮，以熨斗壓燙。

3 在布條邊緣進行車縫壓線。完成圖（背面）。

完成圖（正面）。

◎使用織帶

在直線部分使用平紋、斜紋織帶等兩端已經過處理後的織帶，
因為沒有摺疊的縫份，所以成品厚度較薄。
市售的織帶寬度有0.5至5cm可供選擇。

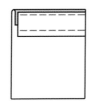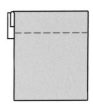

1 將本體的縫份沿完成線摺至背面。

2 將織帶的其中一邊縫在距離完成線0.1至0.2cm的位置上。

3 再次沿完成線整燙，像是將縫份遮住般，在織帶的兩端進行車縫壓線。完成圖（背面）。

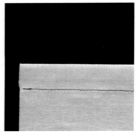

完成圖（正面）。

將織帶對摺後使用

1 本體不另加縫份，直接沿完成線裁剪。事先將織帶對摺。

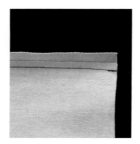

2 首先將織帶的其中一邊縫在本體的背面。此時本體的布邊是對準織帶的褶線。

3 以織帶夾住布邊，從正面在織帶的邊緣進行車縫壓線。完成圖（正面）。

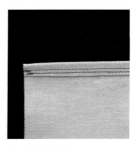

完成圖（背面）。

縫 製 開 叉

指縫製開叉部分，運用貼邊的作法。

因為縫份變得較窄，所以在開口與貼邊的背面貼上黏著襯作為補強。

Point: 以細針目車縫開叉部分。

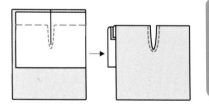

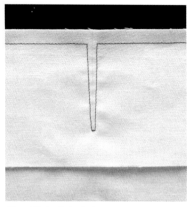

1 將本體與貼邊正面相對，縫上貼邊後連續車縫至開叉部分。

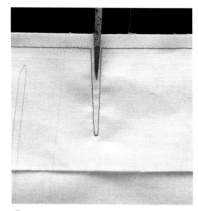

2 剪至開叉部分的最前端。注意避免剪斷縫線。

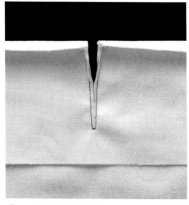

3 沿縫線摺疊縫上貼邊的縫份。

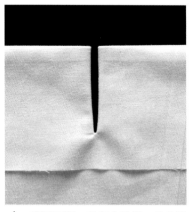

4 翻回正面，以熨斗整燙，使其對邊貼齊。

5 在開叉部分車縫壓線。完成圖（背面）。

完成圖（正面）。

尖褶

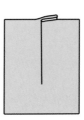

Point:
流暢的車縫至尖褶止點。

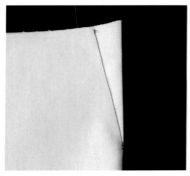

1 在尖褶止點靠身體側一條織線的距離，車縫三至四針回針縫。

2 以熨斗將其倒向單側。利用袖燙墊或圓形燙馬，熨燙尖褶的前端，可使成品更美觀。

3 完成圖（正面）。

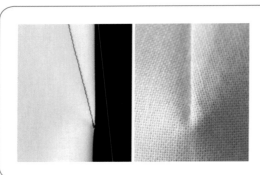

如果不另縫三至四針，尖褶的前端容易變成尖銳的感覺，請特別注意。

◆圓形燙馬
整燙圓形部分的燙馬。因為面積較小，所以適用來熨燙尖褶前端。

◎薄布料
若在止縫點進行回針縫，針目會變得過於緊密，因此車縫後將縫線打結固定。

1 車縫至尖褶止點，車縫後保留長線尾後剪斷。將留下的線尾在止縫點的位置上打結。

2 與上面的作法相同，以熨斗將褶子倒向單側。完成圖（正面）。

◎特別厚的布料

尖褶的縫份厚度偏厚時，剪開縫份再燙開。

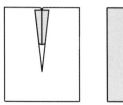

1 保留距離尖褶縫線0.5至0.7cm的縫份，裁剪褶線側。

2 以熨斗的前端沿縫線燙開，確實的壓燙尖褶止點。

完成圖（背面）。　　完成圖（正面）。

◎裡布

為了能夠配合表布的活動份，
在裡布的尖褶保留充裕的空間，進行熨燙。

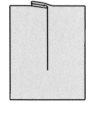

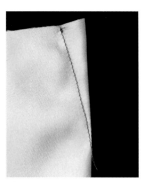

1 車縫距離完成線0.5cm的縫份側。

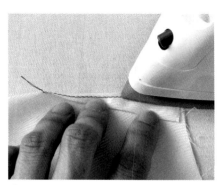

2 預留伸縮份（參閱P.39）後，使其倒向單側。

完成圖（背面）。　　完成圖（正面）。

尖褶

細褶

◎抽細褶

Point:
與縫線垂直，
使細褶的方向一致，平均分配細褶分量。

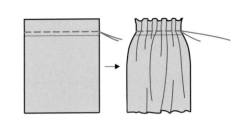

1 在距離完成線0.3cm的縫份側以粗針目進行車縫（疏縫）。不進行回針縫，保留長線尾。在熨燙台上以珠針固定其中一邊，依照完成尺寸的記號別上珠針備用。

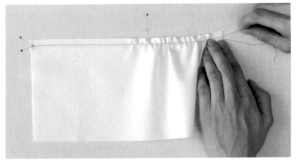

2 拉上線或下線，抽出細褶。

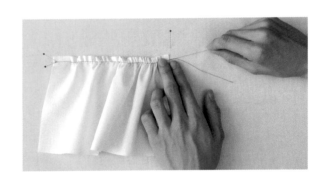

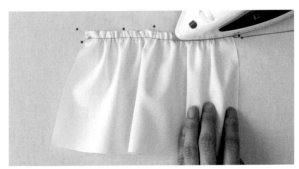

3 以錐子整理，使細褶平均分布。

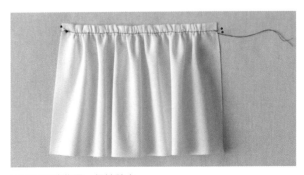

4 以熨斗壓燙抽細褶後的縫份部分。

固定細褶的位置，便於縫合。

◎縫合細褶與直線

Point: 將抽細褶的布放在上方,進行車縫。

1 沿完成線正面相對疊合,別上珠針。

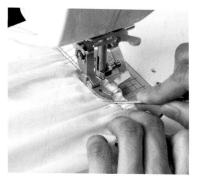

2 進行車縫。

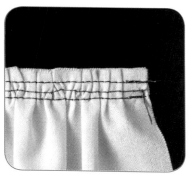

以壓燙車縫線的感覺,使用熨斗整燙縫份。

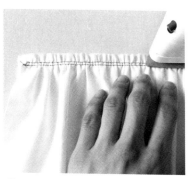

3 縫份倒向未抽細褶側。

4 若在縫份側再車縫一道,細褶會更平整。

完成圖(正面)。

細褶

◎將細褶縫在角度或曲線上

將抽細褶的荷葉邊縫在角度或曲線上時,需避免細褶端的外側尺寸不足。
若荷葉邊的寬度改變,外側尺寸也會隨之變化,請特別注意。

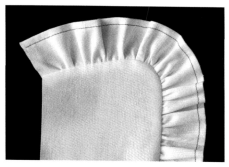

為了避免外側尺寸不足,比起直線部分,角度或曲線部分需預留較多的細褶分量。

角度或曲線部分的細褶分量不足。

固定拉鍊

開口部分使用拉鍊。依不同用途，搭配的拉鍊種類也不同。
因為其中也有不耐熱的拉鍊布帶，所以需避免以高溫直接熨燙。

|固定隱形拉鍊

在正面看不見縫線的拉鍊開口。
因為隱形拉鍊只能縫至開口止點前的2至3cm，
所以需注意固定位置的尺寸設定。

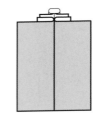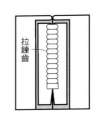

Point: 使用隱形拉鍊壓布腳

雖然也可使用縫紉機配件中的拉鍊壓布腳固定，
但若使用隱形拉鍊壓布腳，會更加方便簡單。

◆隱形拉鍊壓布腳
固定隱形拉鍊專用，
附有可以使拉鍊齒立起的溝槽。

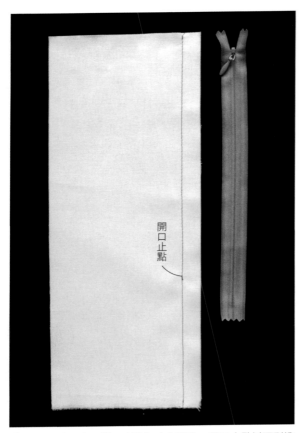

開口止點

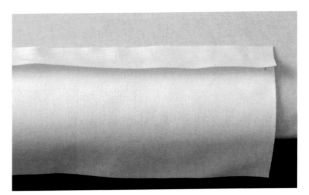

1　以疏縫固定至開口止點為止的部分，開口止點以下則進行回針縫，以一般的方式縫合。

2　燙開縫份。

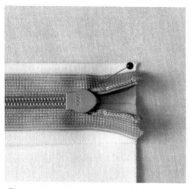

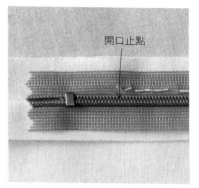

開口止點

3 將拉鍊的中心對齊疏縫的縫線。

一邊確認是否對齊，一邊在縫份上以疏縫固定。

盡可能的在靠近拉鍊中心處進行疏縫。

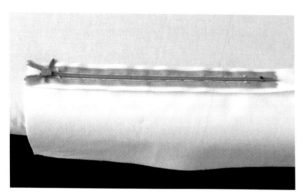

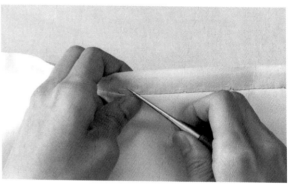

4 另一邊也同樣進行疏縫。

5 拆除步驟1的疏縫縫線。

固定拉鍊

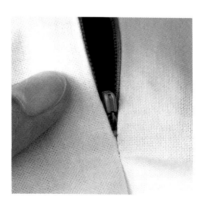

6 將拉鍊頭往下拉至開口止點，在背面露出拉鍊頭。

7 拉鍊頭拉至開口止點下的狀態。

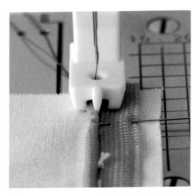

8 將拉鍊齒對齊隱形拉鍊壓布腳的溝槽，進行車縫。

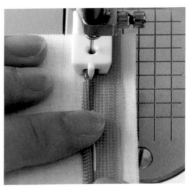

9 使拉鍊齒立起，若以手輔助可順利在拉鍊齒的邊緣進行車縫。

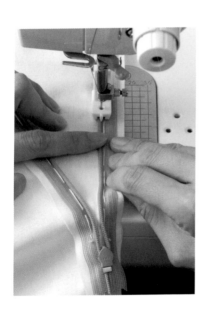

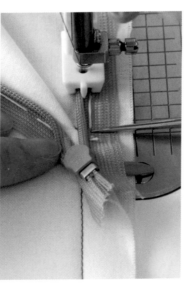

因為開口止點附近的拉鍊齒不易車縫，請以錐子的前端壓入協助車縫。

10 另一邊也以同樣方式固定。

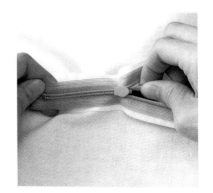

11 將拉鍊頭拉到正面。

12 將拉鍊下止移動至開口止點的位置，以尖嘴鉗等夾緊固定，使其無法再移動。

13 完成圖（正面）。

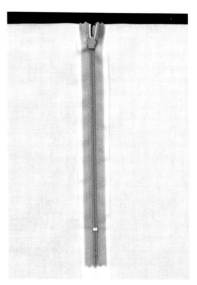

完成圖（背面）。

固定開式拉鍊

可看見拉鍊齒的固定方法。

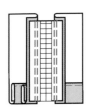

拉鍊齒

Point:

使拉鍊與本體的縫份寬度一致。

◆拉鍊壓布腳

只能夠壓住落針處的那一側。
因為壓腳部分可往左右移動，
所以可以同一方向進行車縫。

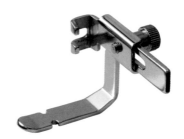

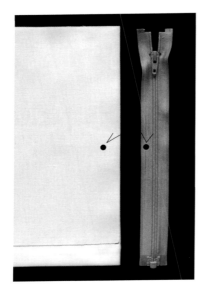

1 使拉鍊與本體的縫份寬度（●）一致。本體下襬的布邊進行處理。

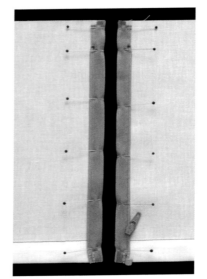

2 將本體邊緣與拉鍊布帶邊緣正面相對疊合，別上珠針。

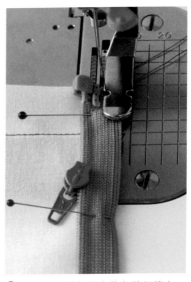

3 將拉鍊壓布腳安裝在縫紉機上，進行縫合。

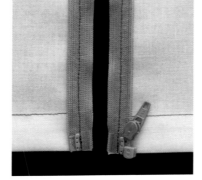

4 另一邊也進行縫合。

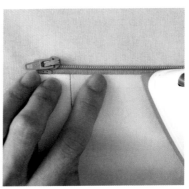

5 以熨斗將縫份從縫線倒向單側。

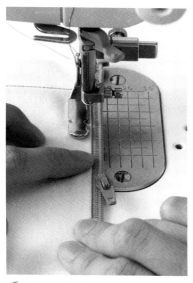

6　從正面在邊緣進行車縫壓線。

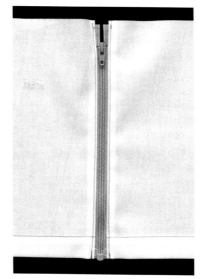

7　完成圖（正面）。

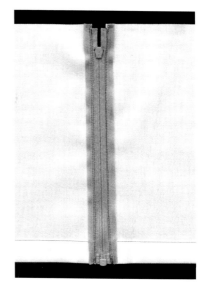

完成圖（背面）。

固定一般拉鍊

從正面看不見拉鍊齒的一般拉鍊固定方法。

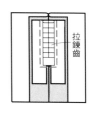

拉鍊齒

Point:

避免拉鍊中心的位置偏離，並以疏縫固定。

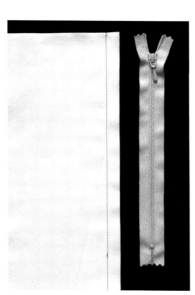

1　以疏縫固定至開口止點為止，開口止點以下則進行回針縫，以一般方式縫合。

2　燙開縫份，將縫線與拉鍊的中心對準。

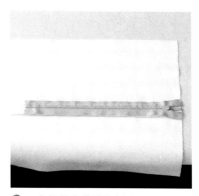

3　在拉鍊布帶的兩側進行疏縫，穿過正面。

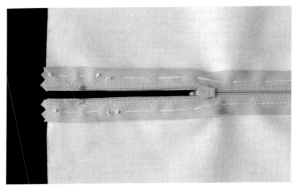

4 拆除疏縫線。

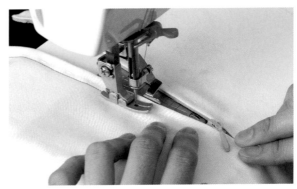

5 拉開拉鍊，從正面以車縫壓線的方式固定拉鍊。

6 若車縫途中遇到妨礙車縫的拉鍊頭，維持車針刺在布中的狀態，抬起壓布腳，將拉鍊拉合，再繼續車縫。

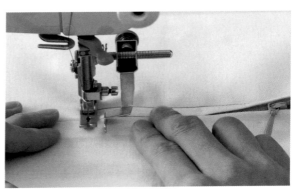

7 在開口止點位置改變方向車縫另一邊，也是以同樣方式車縫。

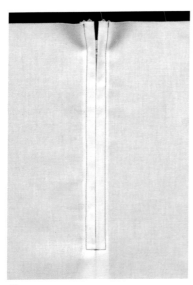

8 完成圖（正面）。

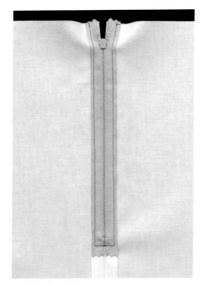

完成圖（背面）。

接 縫 腰 帶

裙子的腰帶，單邊有持出布的一般作法。

Point: 持出部分的縫法不同，請特別注意。

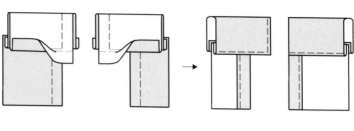

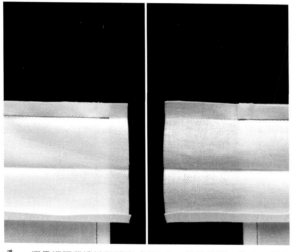

1 摺疊裡腰帶邊端距離完成線0.2cm的縫份側。縫合腰帶布與本體。腰帶布的貼邊部分暫時不縫。

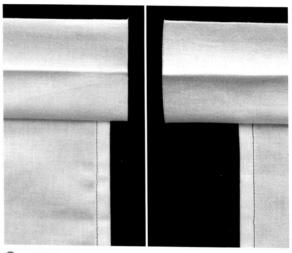

2 沿縫線立起。

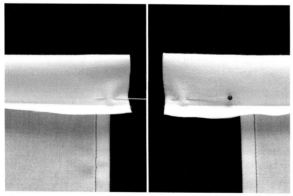

3 將腰帶布正面相對摺疊。

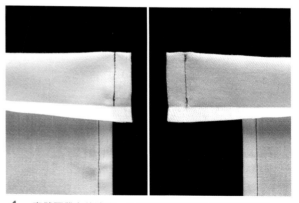

4 車縫腰帶布的邊緣。此時需避開裡腰帶固定側的縫份。持出布則在表腰帶固定的縫份往上摺疊後車縫。

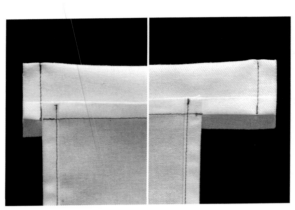

從背面所看見的狀態。

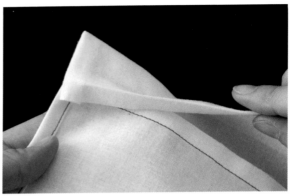

5 以P.44的「將外凸角翻回正面」的要領翻回正面，整理角度，將裡腰帶的縫份摺入。

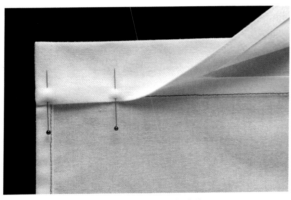

6 將裡腰帶蓋住車縫線0.2cm，別上珠針。

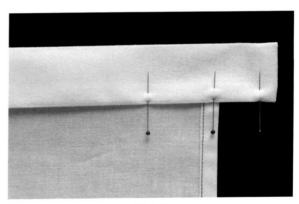

7 將持出布對齊褶線，別上珠針。

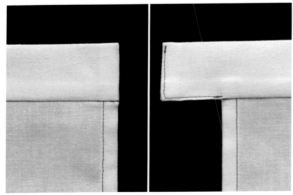

8 從正面進行落機縫，固定裡腰帶。在持出布的邊緣進行車縫壓線。

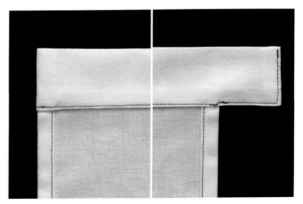

完成圖（背面）。

用於暫時固定的方便道具——熱接著線

在與本體縫合之前，事先在裡腰帶布縫份的正面進行疏縫，使熱接著線露出正面。
代替P.122的步驟**6**、**7**中的別上珠針，以熨斗熨燙後即可暫時固定。

◆Melter

加熱會熔化的熱接著線。
不是用於上線，而是捲在梭子
上當作下線車縫。

◎利用布邊的固定方法

想使成品較為輕薄時，在裡腰帶的縫份邊緣使用布邊，就不需摺入的縫製方法。

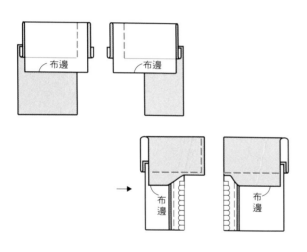

1 在裡腰帶布側使用布邊。

2 縫製靠拉鍊的部分，將縫份摺入以落機縫車縫。持出布也摺入，進行車縫壓線。完成圖（正面）。

完成圖（背面）。

穿繩口

依照想穿入繩子的位置，穿繩口的作法也不盡相同。
無論是哪種方法，都必須縫製出牢固的穿繩口。

在布的邊緣製作穿繩口

◎利用車縫線，燙開縫份的作法

Point: 在穿繩口的周圍進行車縫壓線。

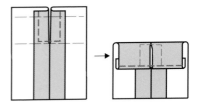

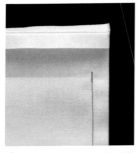

1 事先進行三摺邊的熨燙（參閱P.87），車縫至穿繩口。

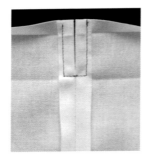

2 燙開縫份，在穿繩口的周圍進行車縫壓線。

3 三摺邊，在褶線的邊緣進行車縫壓線。完成圖（背面）。

完成圖（正面）。

◎利用車縫線，將縫份倒向單側的作法

Point: 縫份的開口沿完成線燙開。

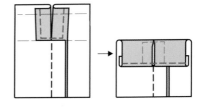

1 與上面的步驟1相同的縫法，在完成線位置的一片縫份上剪牙口。

2 將縫份倒向單側，燙開穿繩口的縫份，在周圍進行車縫壓線。

3 三摺邊，在褶線的邊緣進行車縫壓線。完成圖（背面）。

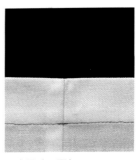

完成圖（正面）。

◎製作釦眼

Point: 在背面貼上黏著襯，進行補強。

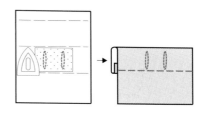

1 在開釦眼位置的背面貼上黏著襯。

2 開釦眼。

3 三摺邊，進行車縫壓線。完成圖（背面）。

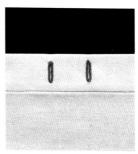

完成圖（正面）。

在布的內側製作穿繩口

縫上可穿入繩子的襠布。

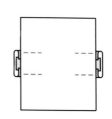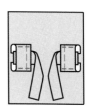

Point: 使用兩褶斜布條或直接使用織帶。

1 摺疊襠布後車縫壓線。使用表布共同布的襠布時，要將兩端摺疊。

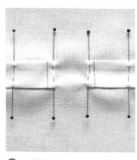

2 將襠布放在想穿入繩子的位置，別上珠針。

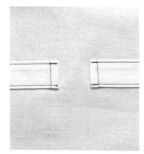

3 保留穿入口部分，在周圍進行車縫壓線。完成圖（正面）。

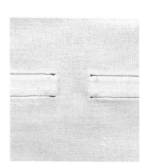

完成圖（背面）。

穿繩口

綁帶

因為長綁帶在車縫後不容易翻回正面，所以採用摺疊的作法製作。

|以一片布製作細綁帶

Point:

為了作出好看的邊角，邊緣的縫份需依順序摺疊。

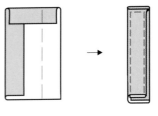

1　裁剪一塊寬度為綁帶四倍的布。

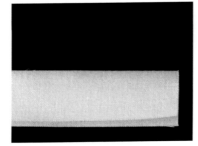

2　背面相對後對摺。

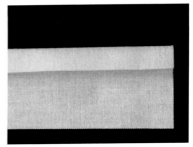

3　將布攤開，其中一側對齊褶線往內摺。

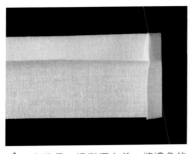

4　在將另一邊對摺之前，將邊角的布邊往內摺1cm。

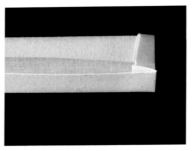

5　將另一邊對齊褶線往內摺。

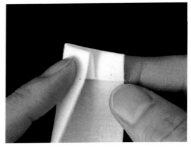

6　將之後摺疊的縫份邊緣摺進邊角的縫份內。

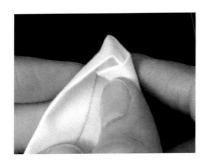

7　以錐子輔助，使其確實摺進裡面。

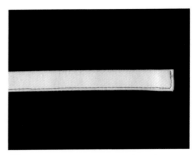

8　使褶線一致，進行車縫壓線。

以兩片布製作寬綁帶

Point:
縫合其中一邊，剩餘的周圍縫份則沿完成線摺疊，
進行車縫壓線。

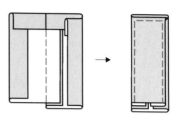

1　將兩片布料正面相對，縫合其中
　一邊，以熨斗壓燙使其沿縫線倒
　向單側。

2　沿縫線摺疊，使其對邊貼齊（參
　閱P.42）。

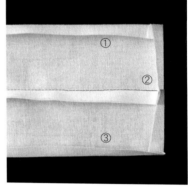

3　將布攤開，依圖中的編號順序逐
　一摺疊縫份1cm。

4　背面相對摺疊，將邊角的縫份摺
　入（參閱 P.126）。

5　周圍進行車縫壓線（參閱P.126）。

綁帶

INDEX

【ㄅ】

不織布襯〈整燙〉 P.12
薄布料〈整燙〉 P.13
半斜布式黏著襯條〈整燙〉 P.14
薄布料〈車縫〉 P.19
布‧針‧線〈車縫〉 P.19
本色細平布〈車縫〉 P.20
表革〈車縫〉 P.23
別上珠針〈縫紉基本功〉 P.26
別上珠針的順序〈縫紉基本功〉 P.27
邊機縫〈縫份、摺疊份的處理〉 P.79
包縫〈縫份、摺疊份的處理〉 P.81
包邊縫〈縫份、摺疊份的處理〉 P.82
薄布料〈部分縫〉 P.110
綁帶〈部分縫〉 P.126

【ㄆ】

噴霧器〈整燙〉 P.8、9
皮革壓布腳〈車縫〉 P.16、23
皮革專用車針〈車縫〉 P.23

【ㄇ】

棉府綢〈車縫〉 P.20
毛巾布〈車縫〉 P.21
毛呢〈車縫〉 P.22

【ㄈ】

縫紉過程中的整燙方法〈整燙〉 P.11
法式絲棉混紡布〈車縫〉 P.20
蜂巢布〈車縫〉 P.21
防水斜紋棉布〈車縫〉 P.21
仿鯊魚皮斜紋布〈車縫〉 P.21
府綢〈車縫〉 P.21
帆布〈車縫〉 P.22
法蘭絨〈車縫〉 P.22
防水貼合皮〈車縫〉 P.23
縫紉機上的引導線〈縫紉基本功〉 P.34
縫份的摺疊方法依個人喜好〈讓外觀精緻俐落的車縫法〉 P.46
縫合角度與直線〈讓外觀精緻俐落的車縫法〉 P.54
縫份偏厚的厚布料〈讓外觀精緻俐落的車縫法〉 P.60
縫製開叉〈部分縫〉 P.109
縫合細褶與直線〈部分縫〉 P.113

【ㄉ】

單面黏著襯條的種類〈整燙〉 P.14
燈芯絨〈車縫〉 P.22
丹寧布〈車縫〉 P.22
單線〈縫紉基本功〉 P.28
對邊貼齊〈讓外觀精緻俐落的車縫法〉 P.42
倒向外側〈讓外觀精緻俐落的車縫法〉 P.53、69
單線車縫〈縫份、摺疊份的處理〉 P.82
袋縫〈縫份、摺疊份的處理〉 P.84

【ㄊ】

燙馬〈整燙〉 P.8
特殊材質〈車縫〉 P.23
貼上膠帶〈縫紉基本功〉 P.34
燙開縫份〈縫紉基本功〉 P.36
燙開縫份、將縫份倒向單側〈縫紉基本功〉 P.36
燙開厚布料、羊毛布等的縫份〈縫紉基本功〉 P.37
燙開圓筒狀的縫份，將縫份倒向單側〈縫紉基本功〉 P.40
燙馬〈縫紉基本功〉 P.40
特別厚的布料〈羊毛布〉〈讓外觀精緻俐落的車縫法〉 P.62
燙開縫份〈縫份、摺疊份的處理〉 P.75、77、78、79
貼邊〈部分縫〉 P.106
特別厚的布料〈部分縫〉 P.111

【ㄋ】

黏著襯的種類〈整燙〉 P.12
黏著襯的黏貼方法〈整燙〉 P.12
黏貼位置〈整燙〉 P.13
黏著襯條的黏貼方法〈整燙〉 P.13
內凹曲線〈整燙〉 P.14
內縮〈讓外觀精緻俐落的車縫法〉 P.42
內凹角〈讓外觀精緻俐落的車縫法〉 P.48
內凹曲線〈讓外觀精緻俐落的車縫法〉 P.64
內凹曲線〈滾邊處理〉 P.95

【ㄌ】

六角網紗〈車縫〉 P.19
裡布〈車縫〉 P.19
羅緞〈車縫〉 P.21
裡革〈車縫〉 P.23
羅紋布〈車縫〉 P.24
落機縫〈滾邊處理〉 P.92、93
兩褶斜布條的作法〈滾邊處理〉 P.96

另行裁剪的貼邊〈部分縫〉 P.106
裡布〈部分縫〉 P.111
拉鍊齒〈部分縫〉 P.114、118、119
拉鍊壓布腳〈部分縫〉 P.118
利用布邊的固定方法〈部分縫〉 P.123
利用車縫線，將縫份倒向單側的作法〈部分縫〉 P.124
利用車縫線，燙開縫份的作法〈部分縫〉 P.124

【ㄍ】
工具〈整燙〉 P.8
工具〈車縫〉 P.16
固定厚布料〈縫紉基本功〉 P.27
滾邊器〈滾邊處理〉 P.98
滾邊的重疊接縫〈滾邊處理〉 P.99
固定拉鍊〈部分縫〉 P.114
固定隱形拉鍊〈部分縫〉 P.114
固定開式拉鍊〈部分縫〉 P.118

【ㄎ】
拷克〈縫份、摺疊份的處理〉 P.76
寬幅的三摺邊〈縫份、摺疊份的處理〉 P.88
框角〈滾邊處理〉 P.102

【ㄏ】
厚布料〈車縫〉 P.22
合成皮革〈車縫〉 P.23
會留下針孔的材質〈縫紉基本功〉 P.26
回針縫〈縫紉基本功〉 P.32
會看見縫份的薄布料〈讓外觀精緻俐落的車縫法〉 P.59

【ㄐ】
基本的整燙方法〈縫紉基本功〉 P.9
基本的黏貼方法〈整燙〉 P.12、13
捲邊壓布腳〈車縫〉 P.16
基本的車縫方法〈車縫〉 P.17
精梳棉布〈車縫〉 P.19
基本的珠針固定方法〈縫紉基本功〉 P.26
決定車縫的寬度〈縫紉基本功〉 P.34
將縫份倒向單側〈縫紉基本功〉 P.38
將外凸角翻回正面〈讓外觀精緻俐落的車縫法〉 P.44
角度的縫份偏厚〈讓外觀精緻俐落的車縫法〉 P.45、47
角度的補強〈讓外觀精緻俐落的車縫法〉 P.49
將縫份倒向單側〈讓外觀精緻俐落的車縫法〉 P.53、69
角度與直線〈讓外觀精緻俐落的車縫法〉 P.54

將曲線部分翻回正面〈讓外觀精緻俐落的車縫法〉 P.57
將縫份倒向單側〈縫份、摺疊份的處理〉 P.75、77、78、80
捲邊壓布腳〈滾邊處理〉 P.101
將貼邊往內摺，進行車縫壓線〈部分縫〉 P.106
角度部分〈部分縫〉 P.107
將織帶對摺後使用〈部分縫〉 P.108
尖褶〈部分縫〉 P.110
將細褶縫在角度或曲線上〈部分縫〉 P.113
接縫腰帶〈部分縫〉 P.121

【ㄑ】
曲線處的黏貼方法〈整燙〉 P.14
喬琪紗〈車縫〉 P.19
漆皮〈車縫〉 P.23
曲線〈讓外觀精緻俐落的車縫法〉 P.56、64
曲線的剪接線〈讓外觀精緻俐落的車縫法〉 P.66
曲線與直線〈讓外觀精緻俐落的車縫法〉 P.70
曲線的滾邊〈滾邊處理〉 P.94
曲線部分〈部分縫〉 P.107

【ㄒ】
袖燙墊〈整燙〉 P.8
斜布式黏著襯條〈整燙〉 P.14
下線〈車縫〉 P.18
細紋布〈車縫〉 P.21
吸排布〈車縫〉 P.24
袖燙墊〈縫紉基本功〉 P.37
袖燙墊＆燙馬〈縫紉基本功〉 P.40
斜角〈讓外觀精緻俐落的車縫法〉 P.46
斜布條的背面側不摺疊〈滾邊處理〉 P.93
斜布條〈滾邊處理〉 P.96
細褶〈部分縫〉 P.113

【ㄓ】
整理布紋〈整燙〉 P.9
整理布紋、撫平縐褶的方法〈整燙〉 P.10
針織襯〈整燙〉 P.12
直布紋式襯條〈整燙〉 P.14
竹尺〈車縫〉 P.16
錐子〈車縫〉 P.16
針插〈車縫〉 P.16
縐綢〈車縫〉 P.20
針織布料〈車縫〉 P.24

止縫結〈縫紉基本功〉 P.31
錐子〈縫紉基本功〉 P.33
紙製量尺〈縫紉基本功〉 P.35
整燙車縫線〈縫紉基本功〉 P.36
整燙角度時，要夾入厚紙〈讓外觀精緻俐落的車縫法〉 P.45
竹尺〈縫份、摺疊份的處理〉 P.85
直線的滾邊〈滾邊處理〉 P.90
摺疊斜布條的兩側後接縫〈滾邊處理〉 P.90
直線的部分〈部分縫〉 P.106
製作釦眼〈部分縫〉 P.125

【ㄔ】
車縫導引器〈車縫〉 P.16
車縫測試〈車縫〉 P.17
車縫線的鬆緊〈車縫〉 P.18
車針〈車縫〉 P.19、21、22、23、24
車縫壓線〈車縫〉 P.24
車縫外凸角〈讓外觀精緻俐落的車縫法〉 P.43
車縫壓線〈讓外觀精緻俐落的車縫法〉 P.47
車縫外凸角與內凹角〈讓外觀精緻俐落的車縫法〉 P.50
車縫曲線〈讓外觀精緻俐落的車縫法〉 P.56
車縫外凸曲線與內凹曲線〈讓外觀精緻俐落的車縫法〉 P.66
車縫圓筒底部〈讓外觀精緻俐落的車縫法〉 P.70
車縫壓線〈縫份、摺疊份的處理〉 P.85
車縫壓線〈滾邊處理〉 P.90、93
抽細褶〈部分縫〉 P.112

【ㄕ】
刷子〈整燙〉 P.8
紗剪〈車縫〉 P.16
沙典〈車縫〉 P.19
紗布〈車縫〉 P.19
雙面布〈車縫〉 P.24
疏縫的方法〈縫紉基本功〉 P.28
疏縫〈縫紉基本功〉 P.28
雙線〈縫紉基本功〉 P.28
疏縫線〈縫紉基本功〉 P.29
始縫結a〈縫紉基本功〉 P.29
始縫結b〈縫紉基本功〉 P.30
紗剪〈縫紉基本功〉 P.33
伸縮份〈縫紉基本功〉 P.39
伸縮份的熨燙處理〈縫紉基本功〉 P.39

捨邊端車縫〈縫份、摺疊份的處理〉 P.78
使用厚布料〈縫份、摺疊份的處理〉 P.81
雙邊摺縫〈縫份、摺疊份的處理〉 P.83
雙線車縫〈縫份、摺疊份的處理〉 P.83
使用斜布條〈部分縫〉 P.107
使用織帶〈部分縫〉 P.108

【ㄖ】
人字紋毛呢布〈車縫〉 P.22
絨面皮〈車縫〉 P.23
人工皮革〈車縫〉 P.23
讓外觀精緻俐落的車縫法 P.42

【ㄗ】
在無記號的狀態下車縫〈讓外觀精緻俐落的車縫法〉 P.43
在最後階段車縫壓線〈讓外觀精緻俐落的車縫法〉 P.61
在布邊進行Z字形車縫〈縫份、摺疊份的處理〉 P.74
在布的內側進行Z字形車縫〈縫份、摺疊份的處理〉 P.74
在針織布上車縫壓線〈縫份、摺疊份的處理〉 P.86
在布的邊緣製作穿繩口〈部分縫〉 P.124
在布的內側製作穿繩口〈部分縫〉 P.125

【ㄘ】
磁鐵定規〈縫紉基本功〉 P.34
藏針縫〈縫份、摺疊份的處理〉 P.86
藏針縫〈滾邊處理〉 P.91

【ㄙ】
鬆餅布〈車縫〉 P.21
三線拷克的縫線〈縫份、摺疊份的處理〉 P.76
四線拷克的縫線〈縫份、摺疊份的處理〉 P.76
三摺邊〈縫份、摺疊份的處理〉 P.87
四褶斜布條的作法〈滾邊處理〉 P.97
三捲邊〈滾邊處理〉 P.100
三捲邊的重疊接縫〈滾邊處理〉 P.101
三摺邊〈滾邊處理〉 P.104

【一】
要讓完成線更牢固時〈整燙〉 P.13
隱形拉鍊壓布腳〈車縫〉 P.16
亞麻布〈麻布〉〈車縫〉 P.20
楊柳紗〈車縫〉 P.20
一般布料〈車縫〉 P.20
以縫紉機車縫〈縫紉基本功〉 P.32

壓線定規〈縫紉基本功〉 P.35
以美工刀割牙口〈讓外觀精緻俐落的車縫法〉 P.49
有角度的剪接線〈讓外觀精緻俐落的車縫法〉 P.50
以四線拷克進行縫合〈縫份、摺疊份的處理〉 P.77
以滾邊器製作〈滾邊處理〉 P.98
隱形拉鍊壓布腳〈部分縫〉 P.114
以一片布製作細綁帶〈部分縫〉 P.126
以兩片布製作寬綁帶〈部分縫〉 P.127

【ㄨ】
外凸曲線〈整燙〉 P.14
外凸角〈讓外觀精緻俐落的車縫法〉 P.43
外凸曲線〈讓外觀精緻俐落的車縫法〉 P.56
彎度較大的曲線〈讓外觀精緻俐落的車縫法〉 P.63、65
為了使成品更美觀〈讓外觀精緻俐落的車縫法〉 P.72
完全三摺邊〈縫份、摺疊份的處理〉 P.87
外凸曲線〈滾邊處理〉
P.94

【ㄩ】
圓形燙馬〈整燙〉 P.8
熨斗溫度〈整燙〉 P.9
熨燙台〈縫紉基本功〉 P.40
圓形燙馬〈部分縫〉 P.110
用於暫時固定的方便道具－熱接著線〈部分縫〉 P.123

【ㄡ】
歐根紗〈車縫〉 P.19

【ㄢ】
按壓式粉土筆〈讓外觀精緻俐落的車縫法〉 P.43

【ㄦ】
二重紗〈車縫〉 P.20
二摺邊〈縫份、摺疊份的處理〉 P.85
二摺邊〈滾邊處理〉 P.102

【其他】
fine〈車縫〉 P.19
Schappe Spun〈車縫〉 P.19、21、22、24
Moss布〈車縫〉 P.22
King Leather〈車縫〉 P.23
Renao〈車縫〉 P.24
Resilon〈車縫〉 P.24
Z字形車縫〈縫份、摺疊份的處理〉 P.74
Melter熱接著線〈部分縫〉 P.123

【關於工具】
本書中所使用的剪刀或錐子等工具,現在市面上仍有販售。
熨斗和熨燙台也不特別,是使用一般家用的產品。

●縫紉機〈P.15〉
Brother Nouvelle Couture BUNKA（工業用縫紉機）
●Z字形車縫〈P.74〉
Brother NS301（家用電腦縫紉機）
●拷克機〈P.76〉
Brother Kagari Ⅲdf4（三線、四線並用的拷克機）
●縫紉工具
〈P.8〉圓形燙馬、袖燙墊、噴霧器、刷子
〈P.14〉直布紋式襯條、半斜布式黏著襯條
〈P.16〉針插、竹尺、錐子、紗剪、皮革壓布腳
　　　　（家用、工業用）、車縫導引器（家用、工業用）
〈P.34〉磁鐵定規
〈P.49〉美工刀
〈P.98〉滾邊器
　　　　（6mm、12mm、18mm、25mm、50mm用）
〈P.118〉拉鍊壓布腳（家用、工業用）
◎上述的縫紉機、拷克機與縫紉工具相關資訊請洽
「學校法人　文化事業局　購買部　外商課」
〒151-8521東京都渋谷区代々木3-22-1
TEL 03（3299）2048 FAX 03（3379）9908
※請註明清楚皮革壓布腳、隱形拉鍊壓布腳、車縫導引器、
拉鍊壓布腳是家用或工業用。
2009年2月所銷售的商品。

※台灣讀者可至全省拼布教室或百貨公司縫紉教室詢問。

國家圖書館出版品預行編目(CIP)資料

手作服基礎班：從零開始的縫紉技巧book /
水野佳子著；亞里譯.
-- 三版. – 新北市：雅書堂文化, 2024.05
　面；　公分. -- (Sewing縫紉家; 04)
ISBN 978-986-302-711-9 (平裝)
1.縫紉　2.衣飾　3.手工藝

426.3　　　　　　　　　　113003835

Sewing 縫紉家 04

手作服基礎班
從零開始的縫紉技巧book（經典版）

作　　者／水野佳子
譯　　者／亞里
發 行 人／詹慶和
執行編輯／劉蕙寧
編　　輯／黃璟安・陳姿伶・詹凱雲
執行美編／陳麗娜
美術編輯／周盈汝・韓欣恬
出 版 者／雅書堂文化事業有限公司
發 行 者／雅書堂文化事業有限公司
郵撥帳號／18225950　戶名：雅書堂文化事業有限公司
地　　址／新北市板橋區板新路206號3樓
電　　話／(02)8952-4078
傳　　真／(02)8952-4084
網　　址／www.elegantbooks.com.tw
電子郵件／elegant.books@msa.hinet.net

2012年09月初版一刷　2024年05月三版　定價／380元

KIREI NI NUU TAME NO KISO NO KISO
Copyright © Yoshiko Mizuno 2009
All rights reserved.
Original Japanese edition published in Japan by EDUCATIONAL FOUNDATION BUNKA
GAKUEN BUNKA PUBLISHING BUREAU
Chinese (in complex character) translation rights arranged with EDUCATIONAL
FOUNDATION BUNKA GAKUEN BUNKA PUBLISHING BUREAU
through KEIO CULTURAL ENTERPRISE CO., LTD.

水野佳子（Yoshiko Mizuno）

裁縫設計師。
1971年出生，文化服裝學院服裝設計科畢業。
在服裝設計公司擔任企劃工作後，成為獨立設計師。
曾在雜誌上發表設計、縫製、紙型製作等解說文章，
在裁縫界深受好評。
此外，在服飾製作領域，
水野佳子也以「縫製」為主軸而活躍著，
每天過著忙碌而充實的生活。

發行人	大沼淳
書籍設計	岡山とも子
攝影	藤本毅（文化出版局）
校閱	向井雅子
編集	平山伸子（文化出版局）

參考書籍
《ファッション辞典》（文化出版局）
《失敗しない接着芯の選び方、はり方　接着芯の本》
（文化出版局）
《カット＆ホームソーイング》（文化出版局）
《新・田中千代服飾事典》（同文書院）

手 作 服 基 礎 班

手作服基礎班